KB146496

꿀잼 왕초보도 만드는 스마트 의류
릴리패드 아두이노

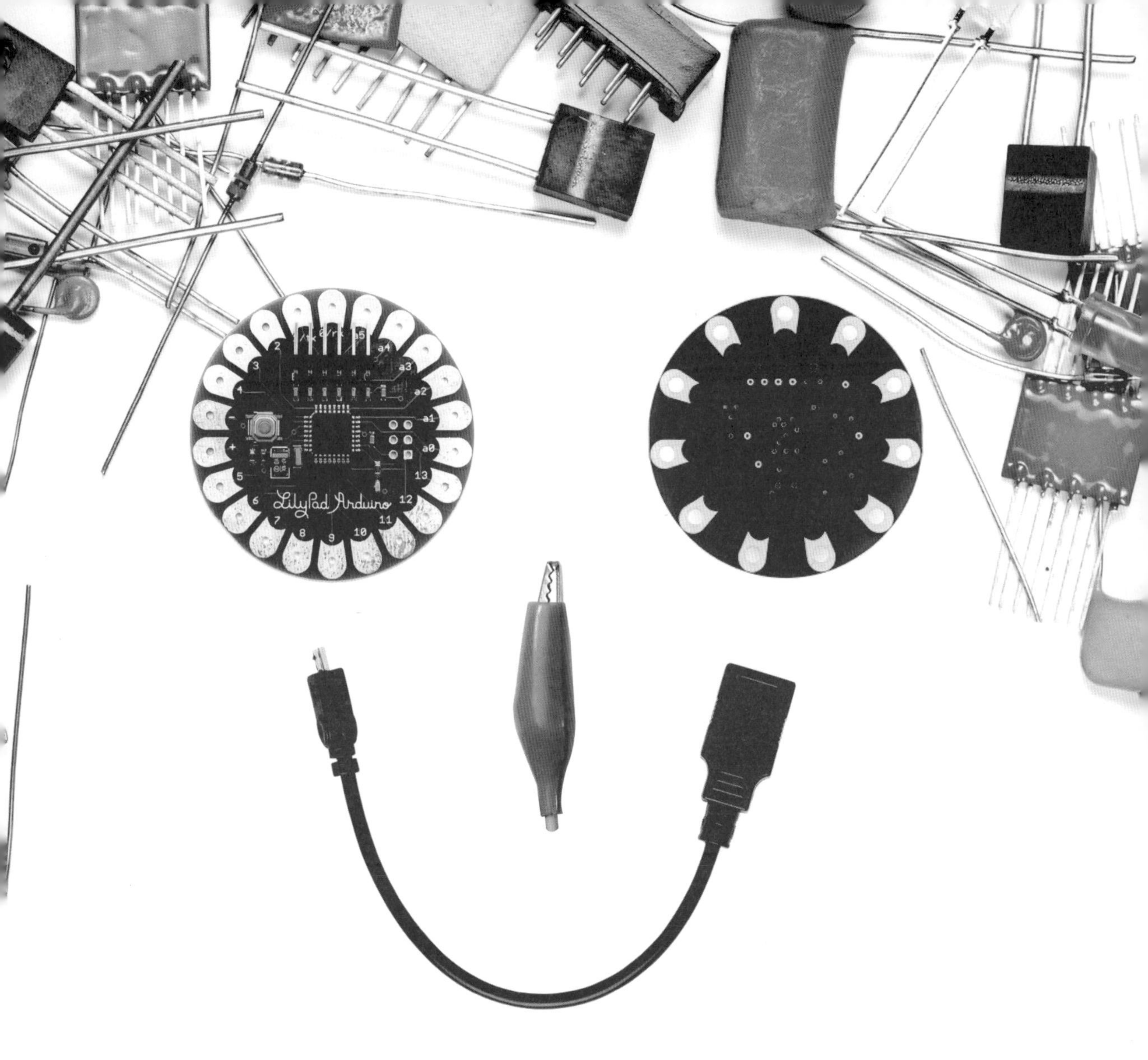

꿀잼 왕초보도 만드는 스마트 의류

릴리패드 아두이노

고주영 · 심재창 지음

꿀잼 왕초보도 만드는 스마트 의류
릴리패드 아두이노

펴낸날	2015년 8월 10일 초판 1쇄
지은이	고주영·심재창
펴낸이	오성준
펴낸곳	카오스북
주소	서울시 서대문구 연희로 77-12, 505호(연희동, 영화빌딩)
출판등록	제25100-2015-000037호
전화	02-3144-3871, 3872
팩스	02-3144-3870
홈페이지	www.chaosbook.co.kr
편집	디자인 콤마
정가	15,000원
ISBN	978-89-98338-82-4 93560

머리말

릴리패드와 즐거운 시간을 보내기 위해 오신 여러분을 환영합니다. 릴리패드는 옷이나 천에 전자실로 바느질할 수 있는 아두이노 계열의 마이크로 컨트롤러 보드입니다. 여러분은 릴리패드를 이용하여 LED 켜기, 소리내기, 센서 사용하기 등을 실습할 수 있습니다.

이런 실습을 통해 릴리패드를 이용하여 입는 컴퓨터, 즉 스마트 의류를 개발하고 만들 수 있습니다. 그리고 불이 들어오는 지갑, 팔찌 등 다양한 작품도 직접 만들 수 있습니다. 이 책에서는 릴리패드에 쉽고 유용하며 간단한 스케치를 입력하여 LED를 켜는 것으로부터 실용적인 무선 통신으로 데이터를 전송하는 것까지 다양한 예제를 다루고 있습니다.

이 책을 이용하여 방과후 수업이나 학교 수업 현장에서 적용할 수 있도록 장별로 실습내용을 정리하였으며, 누구나 스스로 혼자서도 충분히 따라할 수 있도록 설명을 최대한 쉽게 하려고 노력하였습니다. 또한 네이버 카페를 통하여 예제 스케치를 다운로드 받거나 보충 설명을 얻을 수 있도록 하였습니다. 이 책에 있는 내용들을 응용하여 훌륭한 작품을 개발하기를 기대합니다.

2015년 6월

한국 멀티미디어 학회 스마트의류 연구회장

대표저자 고주영

차례

관련 카페

- 릴리패드 아두이노 http://cafe.naver.com/lilypad
- 아두이노 http://cafe.naver.com/arduinocafe
- 꿀잼 앱 인벤터 http://cafe.naver.com/appinv
- 재미삼아 프로세싱 http://cafe.naver.com/processingcafe

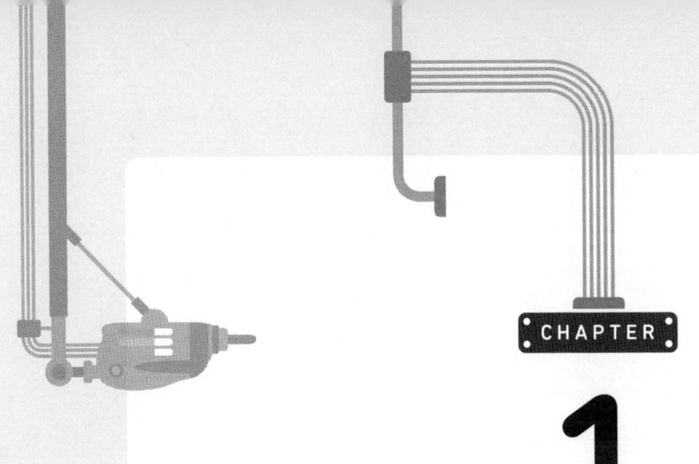

CHAPTER

1

릴리패드 소개

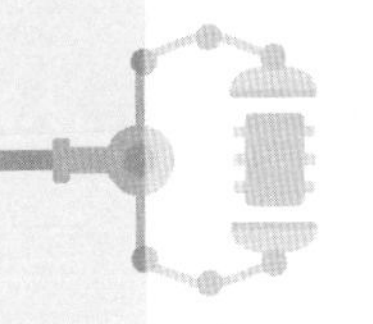

이 장에서는 아두이노 릴리패드가 무엇인지와 어떤 용도로 사용하는가를 살펴본다. 그리고 릴리패드의 사용방법에 대해서도 알아본다.

수업목표

- 릴리패드 종류를 설명할 수 있다.
- 릴리패드로 할 수 있는 작품을 나열할 수 있다.
- 아두이노 소프트웨어를 설치할 수 있다.
- 릴리패드 프로그래밍을 위한 환경 설정을 할 수 있다.
- 스케치를 보드에 업로드하고 실행할 수 있다.

실습내용

- 아두이노 릴리패드 보드에 프로그래밍하는 전문 소프트웨어인 아두이노 통합개발환경을 컴퓨터에 설치하고 시리얼 포트와 보드 종류 등의 환경을 설정한다.

사용부품

- 릴리패드 보드
- 프로그래밍 케이블

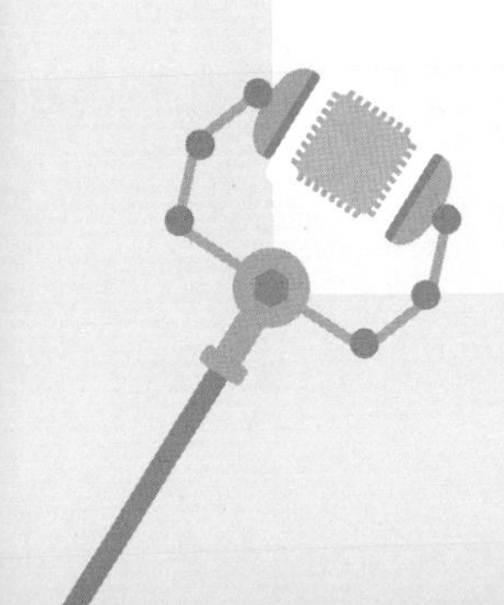

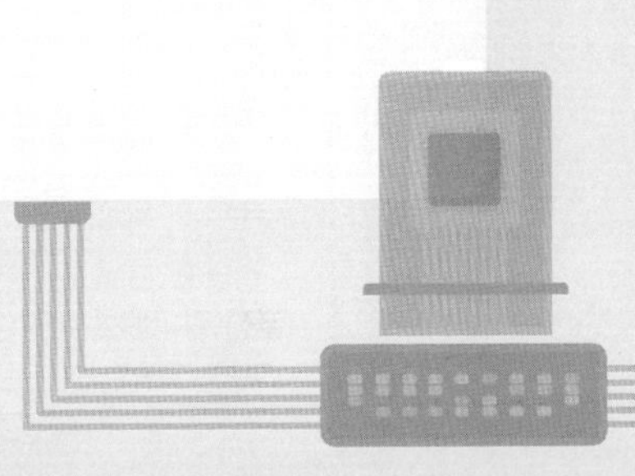

1.1 릴리패드란

릴리패드는 옷에 부착하는, 크기가 작고 매우 얇은 컴퓨터이다. 아두이노 보드의 한 종류로 스마트 의류 제작에 쓰이는 마이크로컨트롤러 보드이다. 직물에는 전선으로 연결하지 않고 전도성 실로 바느질하여 전원공급 장치와 센서 등을 부착한다. 이 작고 예쁜 보드는 레아 뷰츠레이(Leah Buechley) 교수와 스팍펀(SparkFun Electronics)사에 의해 개발되었고, 두뇌에 해당하는 칩은 ATmega 168 칩의 저전력 버전인 ATmega186V 또는 Atmega328V로 되어 있다.

1.2 릴리패드 종류

릴리패드는 용도에 따라 입출력 핀의 수가 다르거나 컴퓨터와 연결하는 커넥터 종류가 다른 몇 가지 보드를 선택해서 사용할 수 있다.

릴리패드 아두이노 메인보드(LilyPad Arduino Main Board)

[그림 1-1] 릴리패드 메인보드

그림 1-1과 같은 릴리패드 메인보드는 전자 실로 봉제가 가능한데, 직물에 전도성 실로 바느질하여 전자 부품들을 연결한다. 릴리패드 메인 보드는 핀이 22개 있다.

각각의 핀은 (+)와 (−)를 제외하고 빛 센서, 부저, 스위치 등을 입출력 장치와 연결하여 제어할 수 있다. 릴리패드 아두이노의 두뇌에 해당하는 메인보드는 ATmega328V 마이크로컨트롤러(마이컴)를 사용하고 있다. 그림 1-1에서 보드 중심에 보이는 작은 사각형 모양의 칩이 마이컴 칩이다.

릴리패드 보드 프로그래밍은 아두이노 프로그래밍 환경에서 시작하면 된다. 컴퓨터에서 업로드하려면 그림 1-2와 같은 연결 핀이 6개인 FTDI 프로그래머 또는 그림 1-3과 같은 FTDI 케이블을 사용한다.

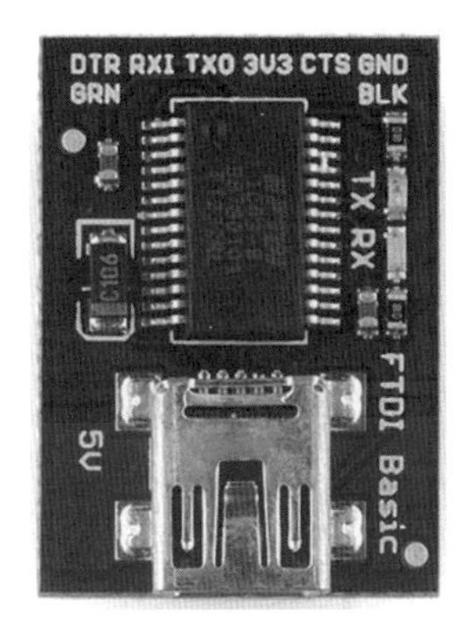

[그림 1-2] FTDI 프로그래머

[그림 1-3] FTDI 프로그래밍 케이블

릴리패드 아두이노 심플 보드(LilyPad Arduino Simple Board)

릴리패드 아두이노 심플 보드(LilyPad Arduino Simple Board)는 그림 1-4와 같이 (+)와 (–) 포함하여 11개의 핀이 있고 각 핀들은 입력 또는 출력으로 사용할 수 있다.

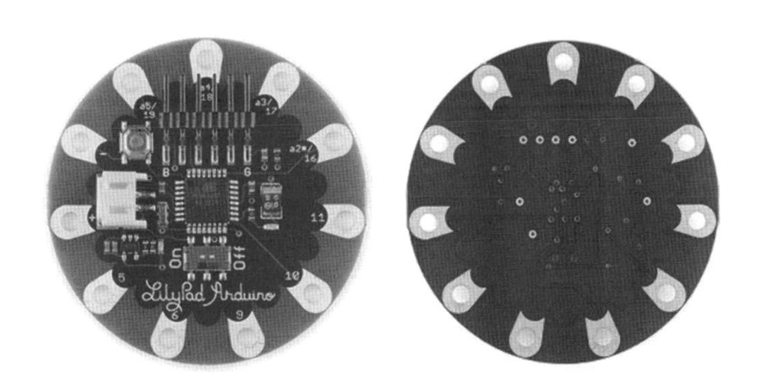

[그림 1-4] 릴리패드 심플 보드의 앞면과 뒷면

이 보드는 ATmega328 마이크로컨트롤러 기반으로 되어 있다. 보드의 중앙에 위치한 작은 검은색 사각형 형태로 되어 있는 것이 칩이다. 릴리패드 보드는 아두이노 프로그래밍 환경에서 프로그래밍할 수 있다. FTDI 프로그래머나 FTDI 케이블을 사용한다.

릴리패드 아두이노 심플스냅(LilyPad Arduino SimpleSnap)

릴리패드 아두이노 심플스냅은 직물에 스냅으로 연결하여 다른 전자 부품들을 릴리패드 심플스냅 프로토보드에 연결하여 봉제할 수 있게 한다. 천에 보드를 연결하고 스냅을 이용하여 붙였다 뗐다 할 수 있다. 그리고 보드에 리튬 전지가 있어 충전하여 사용할 수 있다.

[그림 1-5] 릴리패드 심플스냅

릴리패드에 프로그래밍은 아두이노 프로그램 환경에서 시작하면 된다. 릴리패드 심플 스냅보드를 프로그래밍하려면 연결 핀이 6개인 프로그래밍 FTDI 프로그래머 또는 FTDI 프로그래밍 케이블을 사용한다.

그 외 릴리패드를 용도에 따라 사용하면 된다. 프로그래밍 방법이나 바느질 방법은 거의 비슷하다.

릴리패드 아두이노 USB(LilyPad Arduino USB)

릴리패드 아두이노 USB는 ATmega32u4 기반의 마이크로콘트롤러이다. 입출력 핀이 9개 있다. 마이크로 USB 케이블을 사용한다. 이 보드에는 11개의 핀이 있고 5개의 핀은 PWM 출력으로 사용 가능하고 아날로그 입력은 4개의 핀을 사용할 수 있다. 마이크로 USB 케이블을 사용하므로 간편하게 응용할 수 있다. JST 커넥터는 3.7V LiPO 배터리를 연결해서 사용할 수 있다. 보드에 스위치가 있어 회로를 구성할 때 보드를 끄고 사용할 수 있다.

릴리패드 심플보드에 프로그래밍하기 위해서는 한쪽은 마이크로 USB 다른 쪽은 USB A형 케이블을 사용한다. 뚱뚱한 쪽인 A형은 컴퓨터 USB 포트에 꽂고 작은 USB는 릴리패드의 마이크로 USB 커넥터에 꽂는다.

[그림 1-6] 마이크로 USB 케이블

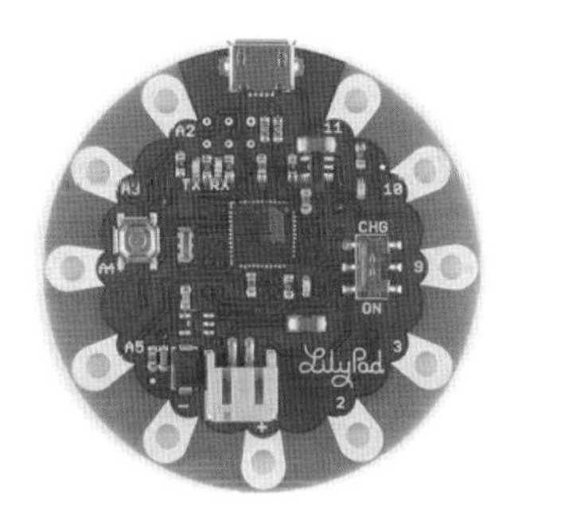

[그림 1-7] 릴리패드 아두이노 USB

1.3 전원장치

릴리패드를 동작시키려면 전원장치가 필요하다. 프로그래밍할 때 USB 프로그래밍 케이블을 꽂아 두면 전기가 흐르기 때문에 전원장치가 필요 없지만 스마트 의류를 제작하고 착용하기 위해서는 전원장치를 따로 사용해야 한다.

릴리패드 전원장치

그림 1-8과 같은 릴리패드 전원장치는 크기가 작지만 강력한 전원을 공급하는 전원장치이다. 크기가 작아서 직물에 구성하기에 적당하다. 1.5V AAA 건전지를 넣고 전원 스위치를 켜면 5V까지 전원을 릴리패드 회로에 공급한다. 전류는 200mA까지 공급하며 합선 방지 기능이 있다.

[그림 1-8] 릴리패드 전원 장치

릴리패드 심플 파워 배터리

릴리패드 심플 파워는 JST 커넥터와 밀어서 켜는 슬라이드 스위치가 있다.

[그림 1-9] 릴리패드 심플 파워

그 외 시계 등에 사용되는 둥글고 얇은 코인셀 전원장치 등이 있다.

[그림 1-10] 코인셀 전원장치

리튬 배터리

폴리머 이온 리튬 배터리는 작고 간편하며 따로 전원장치를 연결할 필요가 없다. 릴리패드 USB나 릴리패드 심플보드의 JST 커넥터에 꽂아서 사용할 수 있다. 충전식이므로 충전하여 계속 사용할 수 있다.

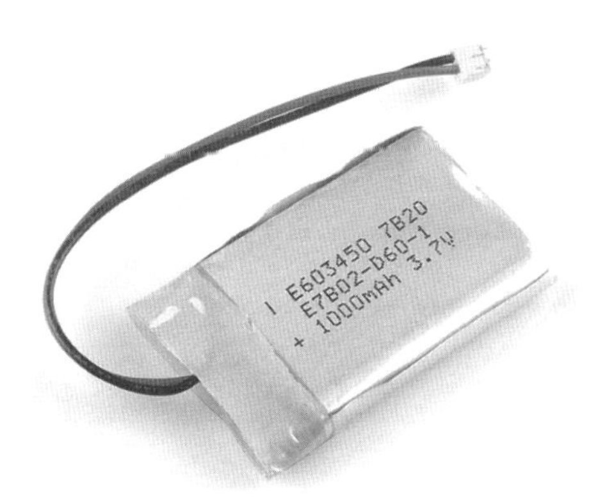

[그림 1-11] 폴리머 리튬 이온 배터리

1.4 릴리패드 소프트웨어 설치

릴리패드의 프로그래밍은 아두이노 프로그램을 활용한다. 무료 프로그램으로 사이트 http://arduino.cc/에 접속하여 다운로드한다.

1단계: 아두이노 소프트웨어 설치

❶ 웹사이트에서 아두이노 소프트웨어를 다운로드한다.

❷ http://arduino.cc/ 사이트에 접속하여 Download를 클릭한다.

[그림 1-12] 다운로드(Downland) 클릭

❸ 우측의 Windows Installer를 클릭하고 컴퓨터 사양에 맞게 선택한다.

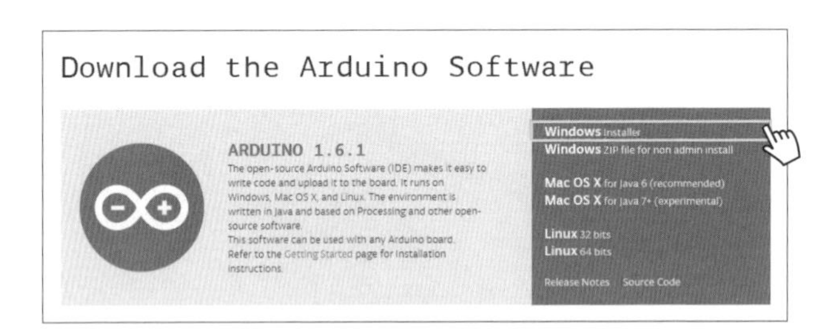

[그림 1-13] Windows Installer

❹ 파일이 다운로드되는 동안 잠시 기다린다.

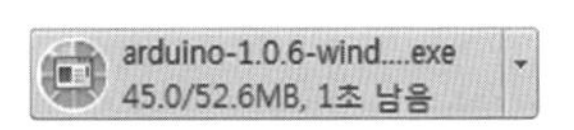

[그림 1-14] 파일 다운로드

❺ 다운로드가 완료되면 파일을 클릭하여 설치한다.

❻ 설치가 완료되면 바탕화면에 바로가기 버튼이 생성된다.

※ 다운로드 화면은 사이트가 업그레이드될 때마다 조금씩 변경될 수 있다.

2단계: 드라이버 설치

❶ 프로그램이 설치되었으면 USB를 컴퓨터와 릴리패드에 연결한다.

❷ 새 하드웨어 추가가 되면서 자동으로 시리얼 포트가 연결된다.

❸ 아두이노 프로그램을 실행시키고 메뉴의 [도구]-[시리얼 포트]에서 포트가 연결되었는지 확인한다. 일반 PC의 경우 COM1과 COM2는 컴퓨터에 부착된 포트일 수 있다. 릴리패드를 사용할 수 있는 포트 번호는 드라이버를 설치할 때 확인할 수 있고 또 제어판에서도 확인할 수 있다.

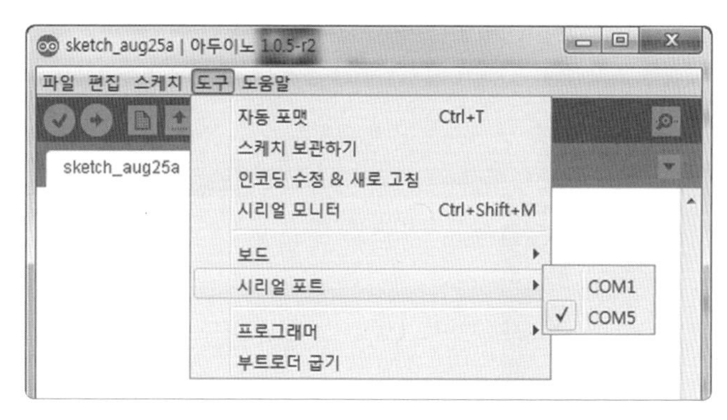

[그림 1-15] 포트 번호 확인하기

❹ 포트 번호 확인하기

[제어판]-[시스템 및 보안\시스템]-[장치관리자]에서 확인할 수 있다.

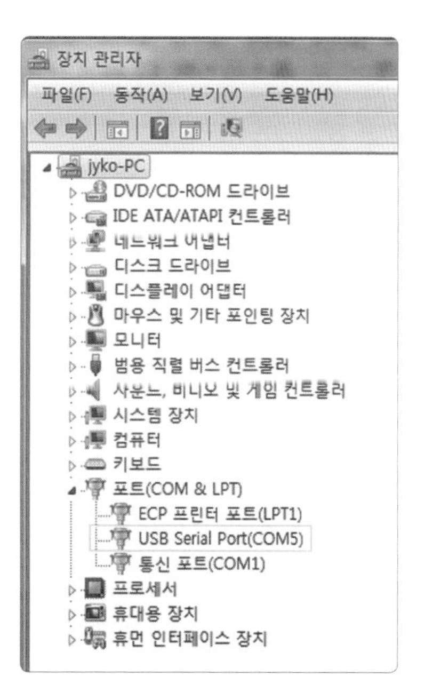

[그림 1-16] 장치 관리자에서 포트 번호 확인하기

1.5 수동 하드웨어 설치 방법

릴리패드를 컴퓨터에 연결하였으나 자동으로 시리얼 포트가 인식되지 않으면 다음 단계를 따라서 하드웨어를 추가하자. 드라이버는 현재 아두이노가 설치된 폴더에서 "아두이노경로\drivers"를 클릭한다.

- C:\Program Files\Arduino\drivers 폴더를 선택한다.
- 드라이버가 설치되는 동안 잠시 기다린다.
- "목록 또는 특정 위치에서 설치(고급)(S)"를 선택한다.
- [다음] 버튼을 클릭한다.

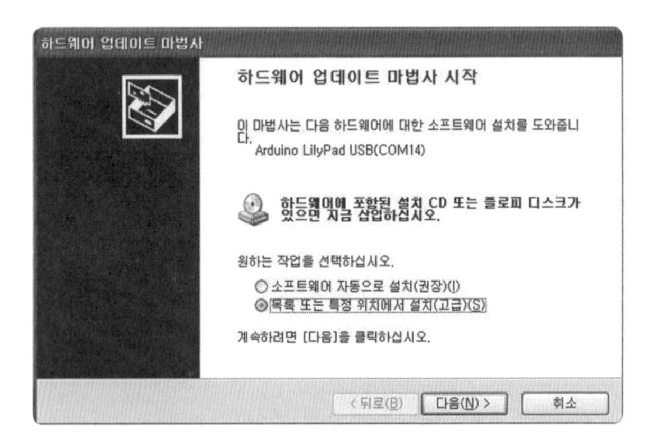

[그림 1-17] 목록 또는 특정 위치에서 설치 선택

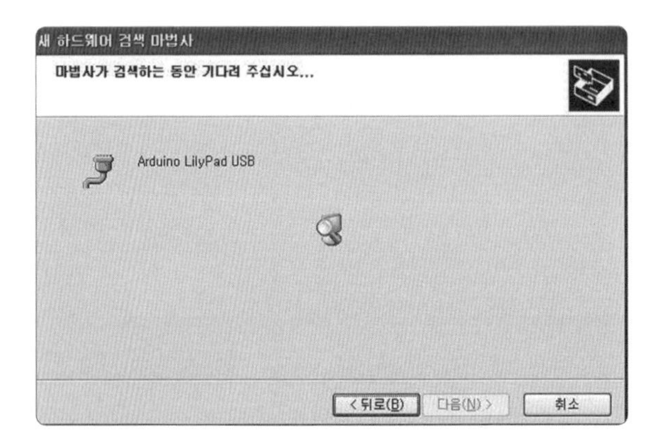

[그림 1-18] 하드웨어 검색하는 동안 기다림

완료되면 아두이노 프로그램을 열고 시리얼 포트를 확인한다.

요약

- 릴리패드에 프로그래밍할 때는 프로그래밍 케이블이나 FTDI 프로그래머가 필요하다.
- 릴리패드는 용도에 따라 메인보드, 심플보드, USB 보드 등을 사용할 수 있다.
- 릴리패드 전원은 AAA 배터리를 사용하거나 코인셀 또는 리튬 배터리를 전원장치로 사용할 수 있다.
- 릴리패드에 필요한 프로그램을 아두이노 프로그램을 이용하여 만든다.
- 릴리패드에 프로그램을 업로드하기 전에 포트 번호와 릴리패드 보드 종류가 맞는지 확인한다.
- 프로그램을 컴파일하고 업로드한다. 업로드 버튼을 누르면 먼저 컴파일이 진행되고 업로드가 실행된다.

자가평가

번호	질문	O	X
1	릴리패드에 알맞은 보드를 고를 수 있다.		
2	릴리패드에 적당한 포트 번호를 지정할 수 있다.		
3	아두이노 프로그램을 설치할 수 있다.		
4	릴리패드에 적당한 전원장치를 고를 수 있다.		

연습문제

1. 아두이노 보드 중에 옷에 부착이 가능한 보드는 어떤 보드일까?

2. 릴리패드 심플 보드의 마이크로 컨트롤러는 어떤 제품을 사용하는가?

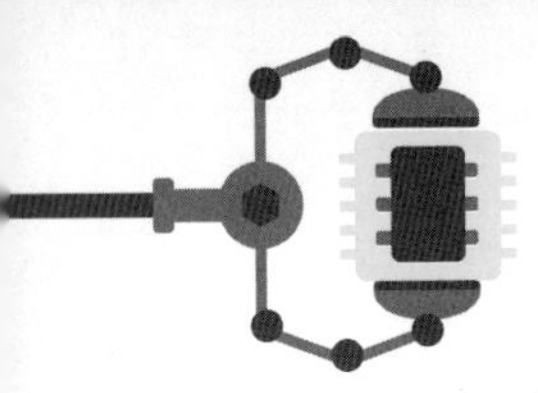

3. 릴리패드의 전원 장치에 사용할 수 있는 배터리는 어떤 것이 있는가?

4. 작성한 스케치를 릴리패드에 업로드하기 위해 컴퓨터와 연결해야 하는 장치는 무엇인가?

연습문제 해답

1. 아두이노 릴리패드 보드
2. ATmega328V
3. AAA 건전지, 코인셀, 리튬 배터리 등
4. USB 시리얼 케이블, FTDI 프로그래머

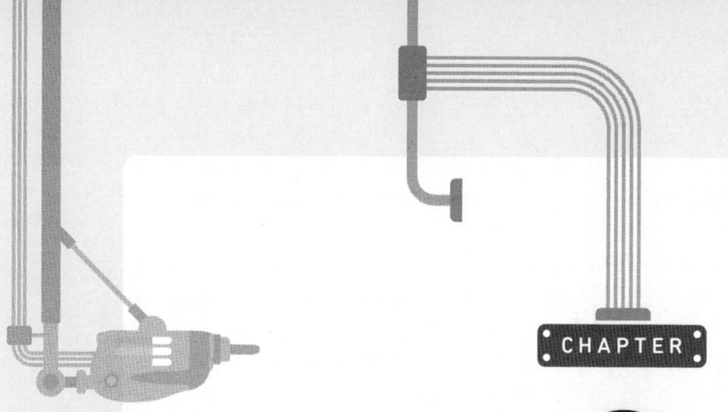

CHAPTER

2

릴리패드 보드의 LED 깜박이기

릴리패드 보드만 가지고 있다면 다른 센서나 장치가 없어도 보드의 LED를 깜박이는 실습을 할 수 있다. 릴리패드 보드와 USB 통신 케이블(또는 시리얼 통신케이블)만 있으면 케이블로 릴리패드와 컴퓨터 간에 데이터를 주고받을 수 있다.

수업목표

- LED를 깜박이는 스케치 프로그램을 작성하고 컴파일할 수 있다.
- 릴리패드에 바이너리 코드를 업로드할 수 있다.
- 릴리패드 보드에 있는 LED를 깜박이는 과정을 설명할 수 있다.

실습내용

- 프로그래밍 케이블로 릴리패드와 컴퓨터를 서로 연결하고, 아두이노 통합개발툴(Arduino IDE)에서 보드의 LED를 깜박이는 스케치를 작성하고 컴파일한 후 프로그램을 업로드한다. 스케치 작성 과정에서 오류를 찾고 수정하며, COM 포트를 설정하고, 보드를 선택하여 바이너리 코드를 생성한다. 생성된 코드를 릴리패드에 업로드한다.

사용부품

- 아두이노 릴리패드 보드
- 프로그래밍 케이블

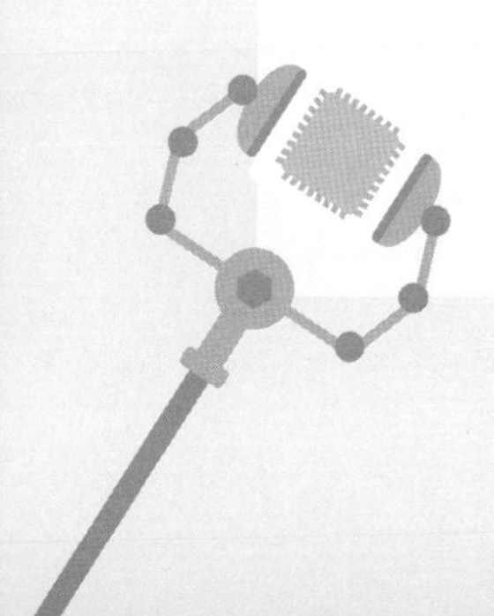

2.1 보드의 LED 깜박임

릴리패드 보드에 포함된 LED를 깜박이게 하는 실습을 해보자. 릴리패드에 내장된 LED는 13번 핀에 연결되어 있다. 각 핀은 입력과 출력 중에 하나로 선택하여 활용할 수 있다. LED는 출력에 해당하므로 먼저 13번 핀을 출력으로 설정하고 LED를 깜박이는 스케치를 작성해보자. 실습 순서는 다음과 같다.

실습 순서

1) 릴리패드와 컴퓨터를 케이블로 연결하기
2) COM 포트 설정하기
3) 아두이노 보드 선택하기
4) 스케치(코딩) 작성하기
5) 프로그램 컴파일하기
6) 보드에 업로드하기
7) 프로그램 실행 및 추가 예제

릴리패드를 컴퓨터와 연결하자. 릴리패드에 USB 프로그래밍 케이블을 연결한 다음 컴퓨터 USB에 연결한다. 컴퓨터와 연결되어 릴리패드에 2.7~5.5V의 전기가 공급되면 보드에 있는 LED가 한 번 깜박거린다.

컴퓨터와 연결되어 있는 동안에 릴리패드에 전원을 따로 연결하지 않아도 된다. USB 프로그래밍 케이블이 연결되면 자동으로 전원이 공급된다. FTDI 케이블을 연결할 경우 6핀 케이블 색상의 방향을 정확히 맞추어야 한다. 그림 2-2와 같이 보드의 위(GND)쪽이 FTDI 케이블의 검은색이 되게 끼운다.

[그림 2-1] 릴리패드 케이블 연결

[그림 2-2] FTDI 케이블 연결

2.2 포트 설정하기

이제 아두이노 보드와 컴퓨터 간에 서로 대화하려면 시리얼 포트를 선택해야 한다. 아두이노 메뉴에서 [도구] > [시리얼 포트] > [COM(번호)]를 선택한다.

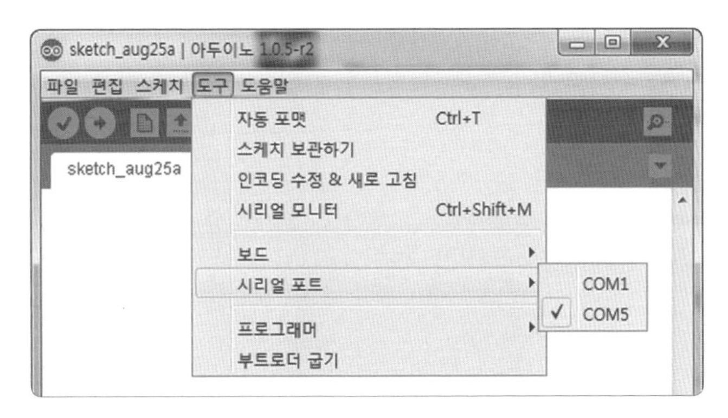

[그림 2-3] 포트 설정하기

COM(번호)는 컴퓨터마다 다를 수 있다. 보드와 컴퓨터가 연결이 잘 된 경우는 포트 번호가 나타난다. 따로 번호를 찾거나 확인하려면 [제어판] > [장치관리자] > [포트]를 찾아보면 된다.

2.3 보드 선택하기

포트를 설정한 다음 적합한 보드를 선택해야 한다. 메뉴에서 [도구] > [보드]에서 적합한 보드를 선택한다. 구매한 보드가 LilyPad Arduino USB인 경우 [LilyPad Arduino USB]를 선택한다. 만약 릴리패드 메인 보드일 경우 [LilyPad Arduino]를 선택한다.

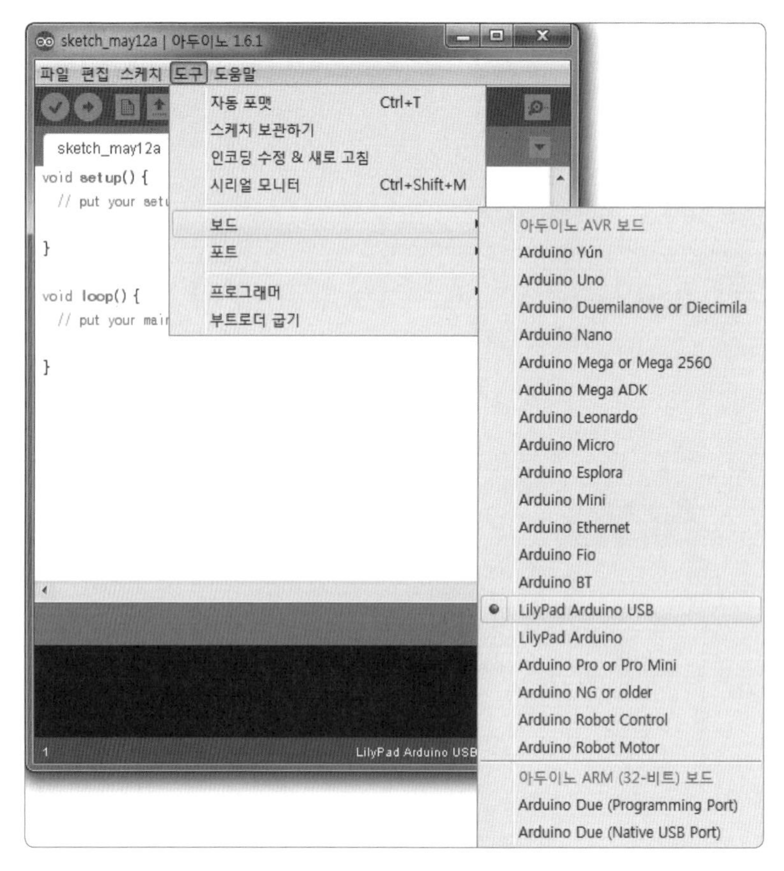

[그림 2-4] 보드 설정하기

2.4 스케치하기(프로그래밍하기)

아두이노 프로그램으로 코드를 만드는 작업을 "스케치한다"라고 표현한다. 프로그래밍에서 사용하는 '코딩'이라는 용어 대신 '스케치'가 훨씬 듣기 좋다.

- 릴리패드 보드에 USB 통신 케이블을 연결한다.
- 아두이노 프로그램을 실행하여 편집 창을 연다.
- 예제를 불러오거나 스케치를 입력한다. 예제 소스는 [파일] > [예제] > [01.Basic] > [Blink]를 선택한다.

직접 입력하려면 아래 소스코드를 입력한다. // 뒷부분은 설명이므로 입력하지 않아도 된다.

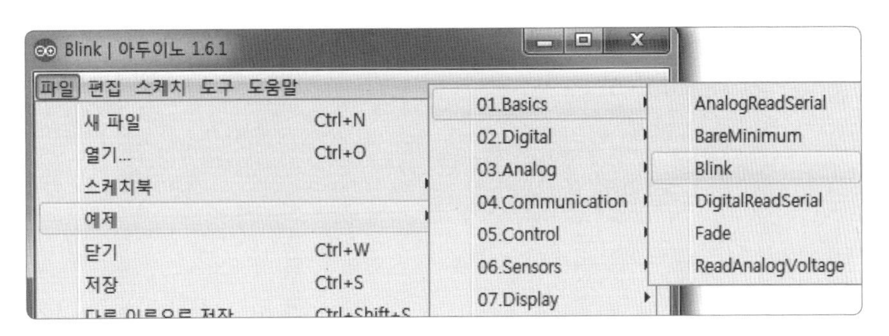

[그림 2-5] 아두이노 예제에서 Blink 열기

```
void setup() {
  pinMode(13, OUTPUT);    // 13번 핀을 출력으로 설정
}
void loop() {
  digitalWrite(13, HIGH);
  delay(1000);
  digitalWrite(13, LOW);
  delay(1000);
}
```

스케치에 대한 설명

- // 뒤에 나오는 문장은 실행되지 않는다. 이해를 돕는 설명문을 적을 때 사용한다.
- `void setup(){ }`: 중괄호 속의 내용은 처음 실행될 때 한 번만 실행되는 구문으로 주로 프로그램에서 초기 값을 설정하는 내용을 적는다.
- `void loop(){ }`: 중괄호 속의 내용은 계속 반복해서 실행되는 구문으로 이 안에 들어 있는 스케치는 1초에도 여러 번 계속 반복하여 실행된다.

- `pinMode()`: 핀의 모드를 입력이나 출력으로 설정한다. OUTPUT과 INPUT으로 설정할 수 있다.
- `digitalWrite()`: `pinMode()`에서 설정된 대로 HIGH(5V/3.3V)나 LOW(0V) 신호를 보낸다.
- `delay(1000)`: 1초간 상태를 유지한다. 숫자 1000은 1000 마이크로세컨드로 1초를 의미한다.
- 스케치 한 줄을 적은 후 반드시 세미콜론 ';'을 넣어야 한다.

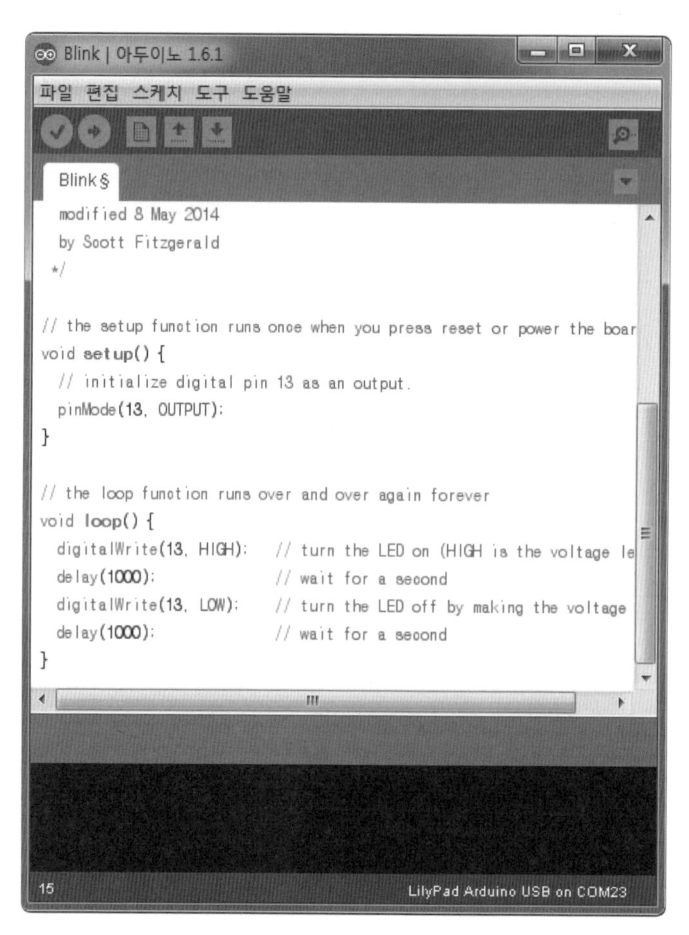

[그림 2-6] 아두이노 스케치 화면

2.5 프로그램 컴파일하기

스케치를 한 다음 코드를 전송하는 업로드 전에 '컴파일'을 먼저 해야 한다. 컴파일은 작성한 코드를 실행 파일로 변환한다. 문법적 오류가 있으면 표시가 나타나므로 쉽게 수정할 수 있다.

컴파일을 통해 실행 파일을 만드는 것은 우리가 작성한 코드를 릴리패드 보드가 이해할 수 있게 하는 작업이다. 아두이노 메뉴에서 왼쪽 첫 번째의 [컴파일] 버튼 ✓을 누른다.

[그림 2-7] 컴파일 버튼

[그림 2-8] 컴파일 성공한 화면

오류가 있으면 아래 부분에 주황색으로 오류에 대한 설명이 나타난다. 설명을 잘 읽고 스케치를 수정한다.

2.6 바이너리 업로드

컴파일을 한 다음 컴퓨터에 저장된 바이너리 파일을 릴리패드에 업로드한다. 업로드 과정은 컴퓨터에서 작성한 바이너리 코드를 릴리패드로 이동시키는 단계이다. 아두이노 메뉴의 왼쪽에서 두 번째 버튼인 [업로드] 버튼 ➜을 누른다.

[그림 2-9] 바이너리 업로드

업로드가 완성되었으면 "업로드 완료" 메시지가 보이고 스케치의 사이즈가 나타난다. 성공하면 "업로드 완료"가 나온다.

"바이너리 스케치 사이즈: 4,850 바이트(최대 28,672 바이트)"의 의미는 작성한 코드의 실행 파일 크기가 4,850 바이트이며 보드에 최대 저장할 수 있는 크기가 28,672 바이트라는 의미이다.

[그림 2-10] 업로드가 성공된 화면

업로드가 실패하면 오류 메세지가 붉은색 바탕으로 아래에 나타난다. 그림 2-11에 표시된 오류는 Serial port 'COM1'이 이미 사용되고 있다는 의미이다. 메뉴에서 [도구] > [포트] > [COM(번호)]를 확인해 보자. 번호는 컴퓨터에 따라 다르다.

[그림 2-11] 오류가 발생한 경우 붉은색으로 표시된다.

2.7 프로그램 확인하기

스케치 업로드가 성공하면 보드 가운데 부근에 있는 LED가 1초에 한 번씩 깜박인다. 확인해 보자.

[그림 2-12] 릴리패드 보드의 LED가 깜박임

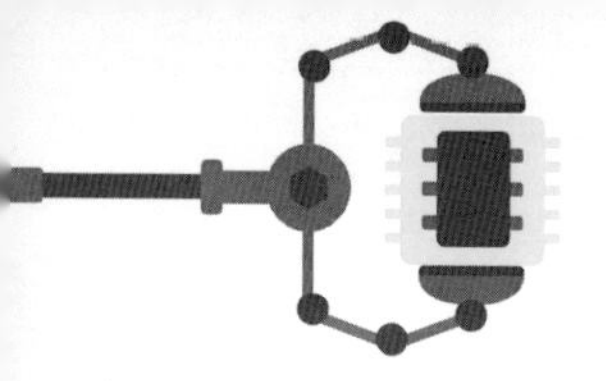

요약

- 릴리패드 보드의 LED를 깜박이는 실습을 하였다.
- 아두이노 프로그램으로 릴리패드에 필요한 프로그램을 작성할 수 있다.
- LED의 깜박거리는 시간을 조정할 수 있다.
- 릴리패드에 LED를 클립으로 연결하여 실험해 볼 수 있다.

자가평가

번호	질문	O	X
1	아두이노 프로그램의 예제에서 LED가 깜박이는 Blink를 불러올 수 있다.		
2	프로그램에서 setup()과 loop()의 차이를 설명할 수 있다.		
3	스케치를 수정하여 LED가 깜박이는 속도를 조절할 수 있다		
4	delay(1000)의 의미를 설명할 수 있다.		

연습문제

1. 릴리패드 스케치(코드) 중에 전원을 넣으면 단 한 번만 실행해도 되는 프로그램을 넣기에 적합한 함수는?

2. 아두이노 릴리패드에서 LED를 깜박이기 위해 pinMode()를 설정하는 방법은?

3. `digitalWrite(13, HIGH);`는 어떤 의미인가?

4. LED를 0.5초마다 한 번씩 깜박이는 방법은?

연습문제 해답

1. `void setup();`
2. `pinMode(13, OUTPUT);` // 핀 모드는 출력으로
3. 13번 핀에 5V의 전원을 공급한다.
4. delay(500);으로 변경한다.

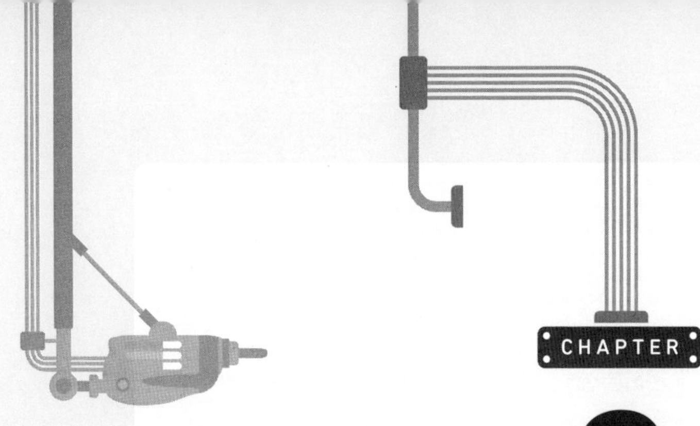

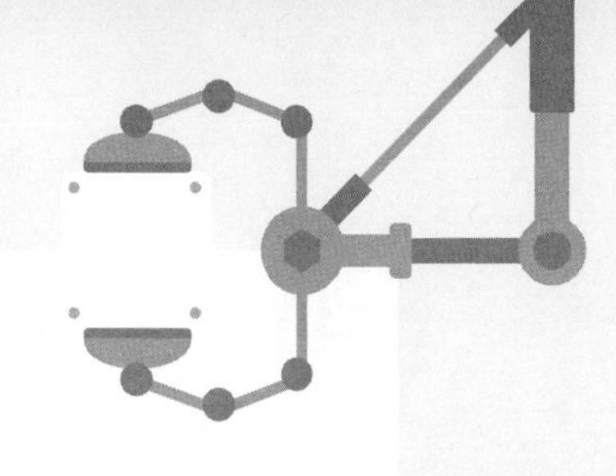

CHAPTER

3

릴리패드 바느질 (e-sewing)

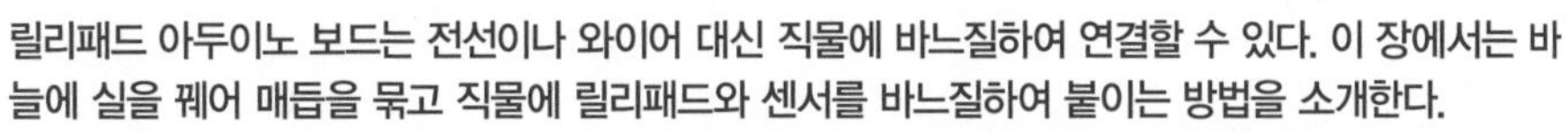

릴리패드 아두이노 보드는 전선이나 와이어 대신 직물에 바느질하여 연결할 수 있다. 이 장에서는 바늘에 실을 꿰어 매듭을 묶고 직물에 릴리패드와 센서를 바느질하여 붙이는 방법을 소개한다.

이전에 바느질 경험이 있는 경우 이 장을 넘어가도 되나 경험이 없는 경우 릴리패드 아두이노 보드를 직물에 붙이기 전에 꼭 실습해보기를 권한다.

수업목표

- 전도성 실을 통해 전류가 전달되는 것을 이해한다.
- 전도성 실을 이용하여 릴리패드를 천에 바느질할 수 있다.
- 전도성 실로 LED를 릴리패드에 연결할 수 있다.
- 전도성 실이 겹쳐지면 합선되므로 피해서 바느질하거나 절연체를 활용할 수 있다.

실습내용

- 전도성 실로 릴리패드와 배터리를 천에 바느질하고 센서를 부착시켜 작동시키는 실습을 한다.

사용부품

- 릴리패드
- 프로그래밍 케이블
- 전도성 실(Conductive Thread)
- 귀가 큰 바늘
- 가위
- 천

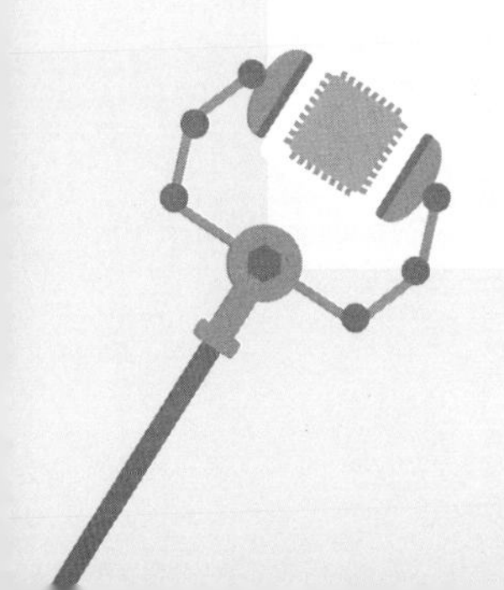

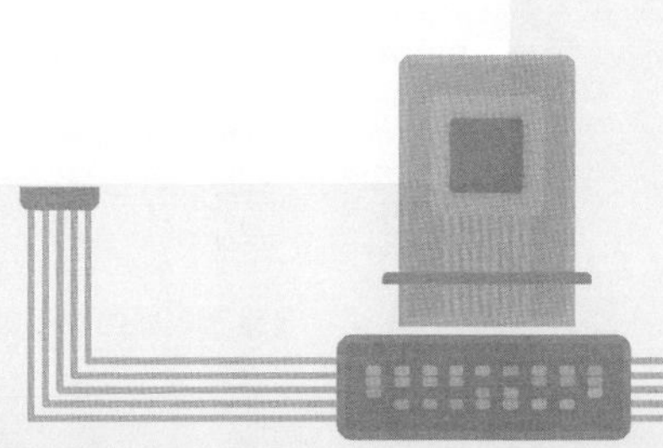

3.1 바느질 방법과 재료

❶ 단계 1: 바늘귀에 실 끼우기

먼저 전도성 실을 약 50cm 정도로 자른다. 바늘 둥근 부분의 구멍을 '바늘귀'라고 부른다. 실은 바늘귀에 끼워서 사용하는데 바늘귀는 구멍이 작으므로 잘 들어가지 않는 경우, 그림 3-1의 바늘꿰기와 같은 보조 도구를 이용할 수도 있다.

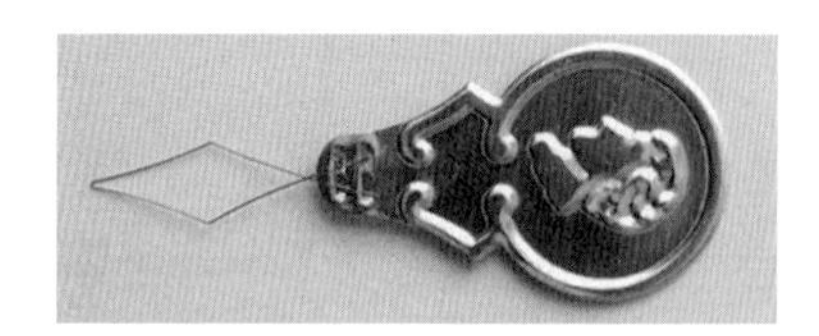

[그림 3-1] 바늘꿰기

바늘귀에 바늘꿰기를 끼우고 바늘꿰기의 끝 큰 구멍에 전도성 실을 넣은 다음 바늘꿰기를 빼내면 쉽게 바늘귀에 실을 꿸 수 있다. 꿰어진 실의 한쪽은 길게 다른 한쪽은 짧게 하여 시작 준비를 한다.

❷ 단계 2: 매듭짓기

긴 쪽의 실을 잡고 매듭을 만든다. 매듭이 어느 정도 굵기가 되어야 바느질을 할 때 실이 빠져 나오지 않는다.

[그림 3-2] 매듭짓기 예

❸ 단계 3: 홈질하기

바늘로 그림과 같이 위아래로 홈질을 한다. 홈질은 모양이 그림과 같이 위로 한 번 아래로 한 번 바느질하는 것을 말한다. 센서나 LED를 릴리패드와 연결할 경우 고리 모양의 핀 부분은 두세 번 반복해서 홈질하여 매듭이 빠져 나오지 않게 한다.

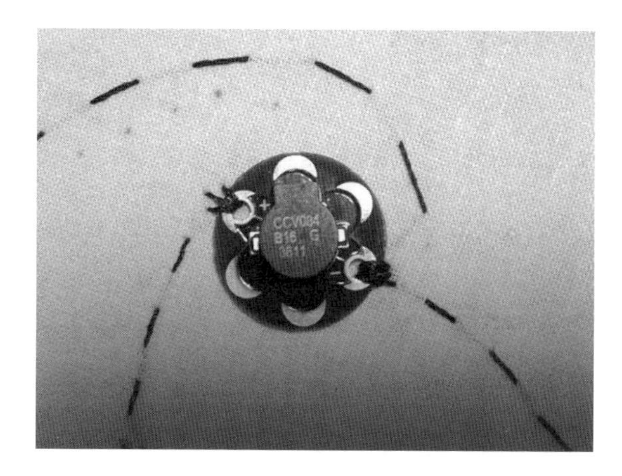

[그림 3-3] 홈질하기의 예

❹ 단계 4: 마지막 매듭

연결을 마친 다음은 끝매듭을 매어야 한다. 바느질을 반대방향으로 다시 한 번 하고 매듭을 지으면 단단하여 실이 빠지지 않는다.

❺ 단계 5: 완성이 되면 가위로 실을 자른다.

3.2 전원장치 연결하기

지금까지 실습에서는 프로그래밍 케이블을 컴퓨터에 연결하여 전원을 공급하였다. 릴리패드에 바이너리 코드 프로그램을 업로드한 다음 프로그래밍 케이블이 없이 작동시키기 위해 전원장치를 연결한다. 전원장치의 (+)는 릴리패드의 (+)에 연결하고, 전원장치의 (–)는 릴리패드의 (–)에 연결한다. 다른 곳은 고정을 위해 연결시킨다.

주의할 점

전도성 실로 바느질할 때 실이 (+)와 (–)가 서로 절대 교차되지 않도록 해야 한다. 실이 교차되면 합선되어 원래 목적대로 시스템이 작동하지 않을 수 있다. 특히 뒷면이 교차되지 않도록 다시 확인을 해야 한다. 어쩔수 없이 선이 교차되는 경우는 천이나 전기가 통하지 않는 패치(덧대는 것)를 붙여서 합선되지 않게 한다.

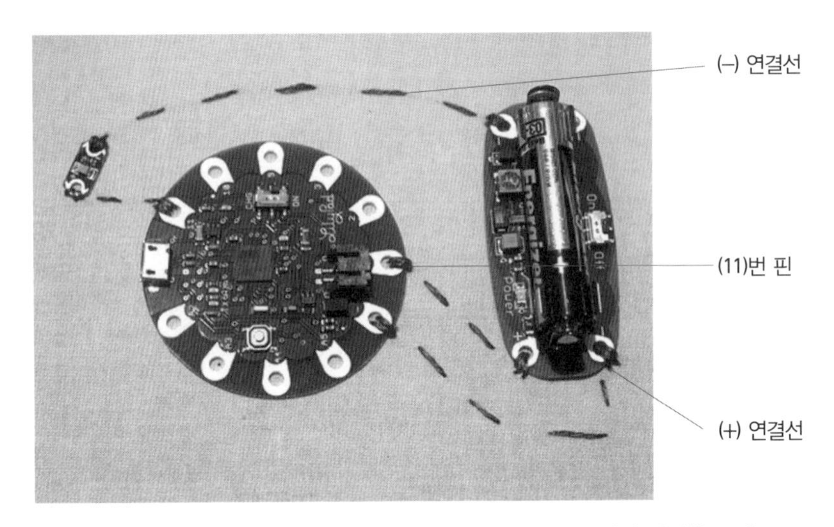

[그림 3-4] 직물에 전도성 실을 이용하여 LED를 11번 핀에 연결한 그림

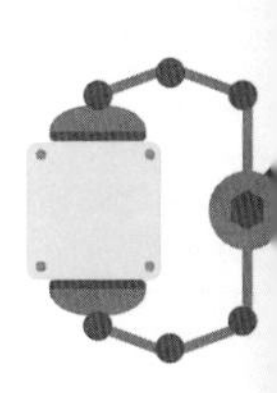

요약

- 릴리패드를 천에 붙여 연결할 때는 전도성 실을 사용한다.
- 시작 및 끝 부분을 매듭이 풀리지 않도록 여러 번 반복해서 바느질해 준다.
- 전자 실로 배터리와 LED 연결하기
- 전기가 통하는 전도성 실이 교차되어 합선되지 않게 주의해야 한다.
- 릴리패드와 전원 장치를 연결할 때는 릴리패드의 (+)가 전원장치의 (+)와 연결되고 릴리패드의 (–)는 전원장치의 (–)와 연결한다.

자가평가

번호	질문	O	X
1	전도성 실을 바늘귀에 끼워서 실 끝의 매듭을 만들 수 있다.		
2	전도성 실이 서로 교차되지 않게 할 수 있다.		
3	전도성 실이 교차될 경우 절연 패치를 사용하여 합선을 방지할 수 있다.		
4	릴리패드와 LED를 전도성 실로 연결할 수 있다.		

연습문제

1. 전도성 실이 연결 과정에서 교차될 경우 절연을 위해 사용하는 것은 무엇인가?

2. 바늘귀에 전도성 실이 잘 들어가지 않을 경우 사용할 수 있는 도구는 무엇인가?

3. 홈질은 어떻게 하는가?

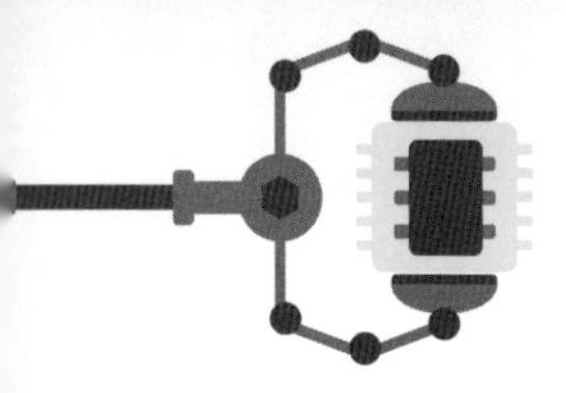

연습문제 해답

1. 절연 패치(천을 사용하거나 다른 위치로 돌려서 바느질한다)
2. 바늘 꿰기
3. 홈질은 바늘을 위로 한 번 아래로 한 번 끼워 바느질하여 앞 뒤 모양이 같은 바느질 방법이다.

CHAPTER

4

아두이노 프로그램

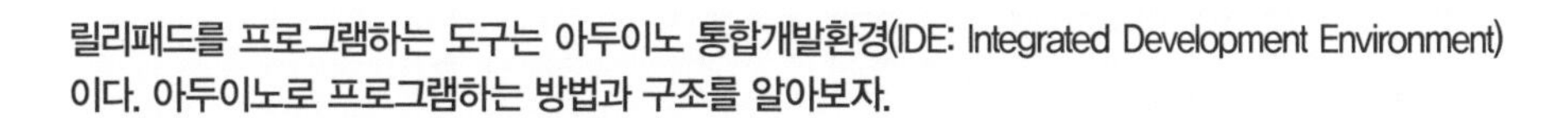

릴리패드를 프로그램하는 도구는 아두이노 통합개발환경(IDE: Integrated Development Environment)이다. 아두이노로 프로그램하는 방법과 구조를 알아보자.

수업목표

- 아두이노 프로그램의 구조를 이해한다.
- 아두이노 기본 프로그램 명령어를 이해하고 암기한다.

사용부품

- 릴리패드 보드
- 프로그래밍 케이블

실습내용

- 아두이노 IDE를 이용하여 릴리패드 응용에 필요한 프로그래밍 구조와 명령을 실습한다.

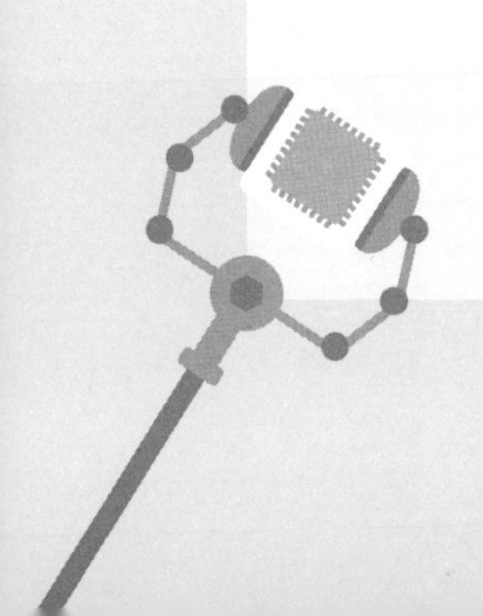

4.1 프로그램의 구조

릴리패드를 동작시키는 코드는 아두이노 IDE를 이용하여 만든다. 편집 도구 등의 환경은 자바 언어로 작성되어 있으나, 내부에서 활용하는 컴퓨터 언어는 아두이노 언어로 C 언어나 C++ 언어와 유사하나 더 간단하다.

아두이노 프로그램의 구조는 크게 두 개의 부분으로 나눌 수 있다. 하나는 "void setup(){} 함수" 부분이고 다른 하나는 "void loop(){} 함수" 부분이다.

프로그램은 제일 윗줄부터 한 줄씩 순서대로 실행된다. // 뒤는 주석 부분으로 스케치에 대한 이해를 돕기 위한 설명을 적는 곳으로 실행은 되지 않는다.

```
void setup(){
  // 이곳에 있는 코드는 한 번만 실행됨
}
void loop(){
  // 이곳에 있는 코드는 반복해서 실행됨
}
```

[그림 4-1] 아두이노 프로그램의 구조

릴리패드 아두이노에서 사용하는 프로그래밍 문법들을 간단하게 살펴보자.

4.2 주석

주석이 있는 코드는 컴퓨터에서 실행되지 않는다. 주석문은 코드 작성자가 나중에 참고하거나 다른 사람들이 스케치 코드를 쉽게 이해하도록 돕는 역할이다.

- //는 해당되는 줄의 // 뒷부분만을 주석 처리한다.
- /* 와 */ 사이는 한 줄뿐 아니라 여러 줄을 주석 처리한다. 아두이노에서 주석으로 된 부분은 회색으로 나타난다.

```
// 이 부분은 주석 처리되어 실행되지 않는다.
/* 이 부분은 여러 줄을 주석 처리한다. 주석문을 사용하면 다른 사람에게 코드를 쉽게
설명할 수 있다.*/
```

4.3 변수(Variable)

변수는 말 그대로 프로그램에서 필요한 경우 값을 변경할 수 있는 수이다. 변수형을 지정하는 이유는 필요에 따라 알맞은 메모리의 저장 공간을 지정하여 공간 활용을 효율적으로 하기 위함이다. 변수를 지정할 때는 변수형(形)의 종류를 지정해야 한다.

- int // 정수형, 2바이트, 16비트 정수, −32,768 ~ 32,767
- long // 정수형, 4바이트, 32비트 정수, −2,147,483,648 ~ 2,147,43,647
- byte // 8비트, 1캐릭터(Character), 1바이트 한 개의 문자, 0~255까지 숫자
- boolean // 1비트, 참(True) 또는 거짓((False)
- float // 4바이트 소수
- char // ASCII 코드로 나타냄. 예를 들면 'A'=65이다.

4.4 기본 함수

기본적으로 사용하는 함수를 소개한다. 크게 디지털 함수와 아날로그 함수로 나눌 수 있다. 디지털 함수는 디지털 값, 즉 0과 1의 값을 읽고 쓰며, 아날로그 함수는 연속해서 변하는 값을 읽고 쓸 수 있다.

- `pinMode(pin, mode);` // 핀 모드를 지정(INPUT, OUTPUT)
- `digitalWrite(pin, value);` // 디지털 값을 씀(value: HIGH, LOW)
- `digitalRead(pin);` // 디지털 값을 읽음
- `analogWrite(pin,value);` // 아날로그 값을 씀.(vlaue: 연속적인 값)
- `analogRead(pin);` // 아날로그 값을 읽음
- `delay(value);` // 지정된 시간 동안 대기, 1000은 1초를 의미한다.

4.5 제어문

제어문은 순차적으로 실행되던 프로그램을 제어 상태에 따라 반복이나 분기 명령을 실행시킨다.

if 제어문

"스위치를 ON하면 LED가 켜진다"처럼 어떤 상태를 지정해 두고 그 상태가 되면 명령을 수행하도록 하는 것이다. 다음 if 제어문은 상태가 "스위치 ON" 되었다는 것을 나타낸다.

스위치가 ON 되는 것이 참이면 LED를 켠다. 반대의 경우 LED를 끄는 스케치이다.

```
if (스위치 ON){
      LED 켜기
}
else
{
      LED 끄기
}
```

그리고 필요에 따라 `else if(조건)`을 추가할 수 있다.

```
if (조건){ }
else if(조건){ }
else{ }
```

for 제어문

for 제어문은 정해진 조건만큼 반복을 수행하는 제어문이다.

```
for(int i=0;i<10; i++){
반복할 내용
}
```

다음 스케치는 int i=0부터 i가 10보다 작을 때까지 i값이 1씩 증가하면서 반복하는 제어문을 나타낸다.

```
for(int i=0 ; i < 10 ; i++){ }
```

```
for(초기 값 ; 반복 횟수 ; 증가 값){ }
```

4.6 배열(array)

배열은 같은 유형의 데이터 여러 개를 메모리에 연속해서 저장하는 변수이다. 예를 들어 숫자 1, 2, 3, 4, 5가 들어 있는 배열은 다음과 같이 초기화하여 정의할 수 있다.

```
int numbers[]={1, 2, 3, 4, 5};
```

정수형 배열이고 이름은 numbers이다. 그리고 선언과 동시에 저장된 숫자는 1, 2, 3, 4, 5라는 의미이다. 배열에 저장된 데이터는 순서대로 번호가 자동으로 지정되므로 순서 번호(인덱스)로 데이터를 사용할 수 있다. 다음 표와 같이 0번 데이터는 1이 되고 4번 데이터는 5가 된다.

순서	[0]	[1]	[2]	[3]	[4]
데이터	1	2	3	4	5

배열은 숫자뿐 아니라 문자인 캐릭터(char)도 사용할 수 있다.

```
char message[6]="smile";
```

이와 같이 캐릭터 배열을 초기화하여 사용할 수 있다.

릴리패드 보드에 프로그래밍하는 과정을 아두이노 통합개발환경에서 아두이노 프로그램과 동일하므로 프로그램 내용 중 궁금한 것이 있으면 다음의 아두이노 사이트를 통해 정보를 얻을 수 있다. http://arduino.cc/

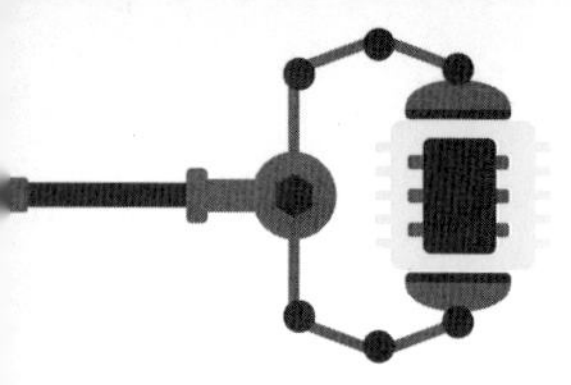

요약

- 아두이노 언어는 C&C++로 구성되어 있다.
- setup() 함수 부분은 초기화를 위해서 loop()부분은 반복하는 부분으로 나누어 프로그램한다.
- 주석처리는 '//' 나 '/* */'을 이용한다.
- 변수를 지정할 때는 변수의 형(形)을 지정해야 한다.
- "if"문을 사용할 때는 조건에 따라 명령을 할 때이다.
- "for"문을 사용할 때는 특정 구문을 반복할 때이다.
- 배열은 같은 종류의 데이터를 여러 개 저장해 놓은 변수이다.

자가평가

번호	질문	O	X
1	아두이노 프로그램에서 setup() 함수와 loop() 함수를 구별할 수 있다.		
2	정수형 변수를 지정할 수 있다.		
3	if 조건문을 사용할 수 있다.		
4	for 제어문을 사용할 수 있다.		

연습문제

1. 아두이노 프로그램에서 전원을 넣고 초기화를 위해 단 한 번만 실행시키는 명령어를 넣는 함수 구역은 어디인가?

2. `int box=3;`은 어떤 의미인가?

3. 같은 종류의 데이터를 한꺼번에 저장해 놓을 수 있는 방법은 무엇인가?

연습문제 해답

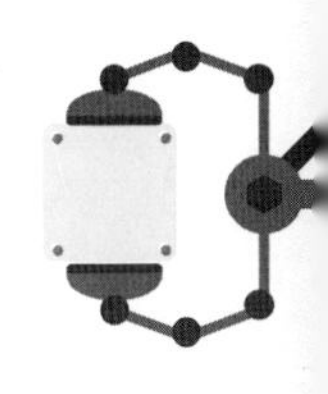

1. `setup();`
2. 정수형 변수 box에 3이 저장되어 있다.
3. 배열을 만든다.

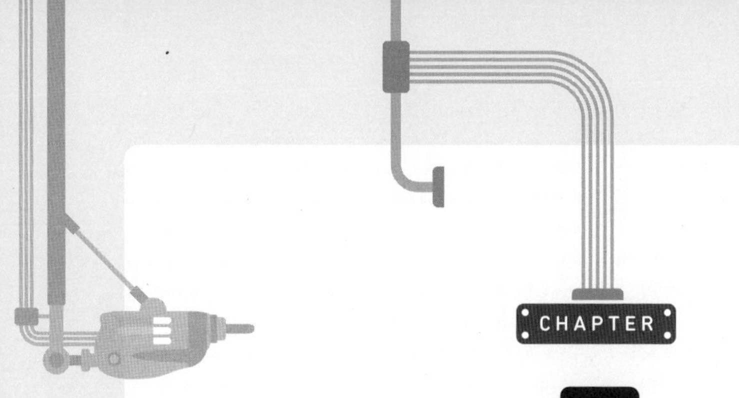

CHAPTER

5

LED 가지고 놀기

LED는 발광 다이오드로 불빛을 반짝인다. 릴리패드용 LED를 이용하여 LED를 깜박이게 해보자.

수업목표

- LED를 릴리패드에 연결할 수 있다.
- LED를 한 개 이상 연결하여 깜박이게 할 수 있다.
- LED를 깜박이는 속도를 제어할 수 있다.

실습내용

- 이 장에서는 LED를 한 개 또는 두 개를 이용하여 깜박이게 해 본다. LED 깜박이기 스케치를 수정하여 다양하게 깜박이게 할 수 있다

사용부품

- 릴리패드 보드
- 프로그래밍 케이블
- 릴리패드용 LED 1개 또는 2개
- 악어클립 4개

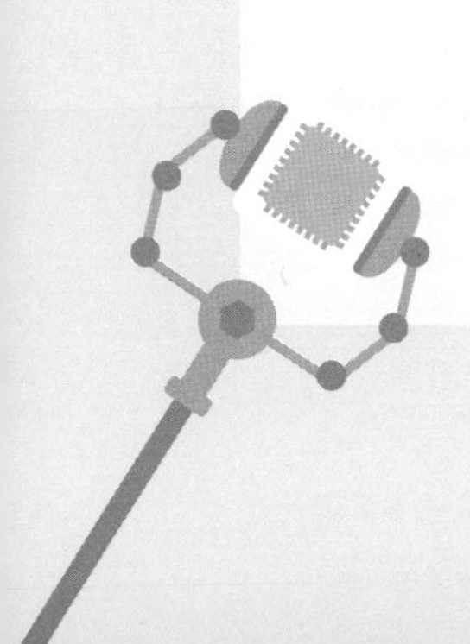

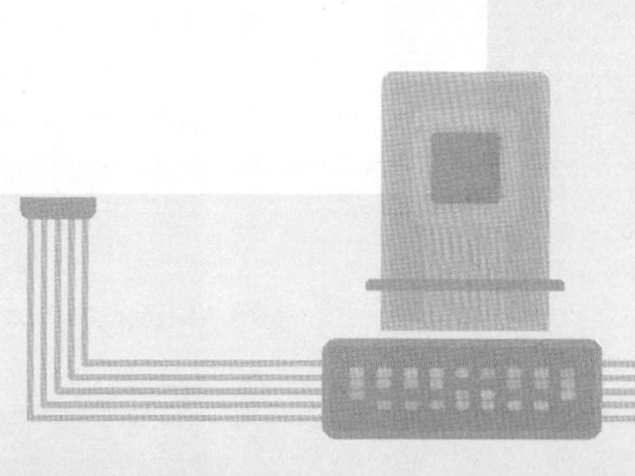

5.1 LED란

2장의 예제에서 릴리패드 보드에 내장되어 있는 LED를 깜박이게 만들어 보았다. 이제 LED를 전도성 실로 연결하여 빛을 깜박거리게 해보자. LED는 발광다이오드(light emitting diode)라고 하는데, 칼륨비소 등의 화합물에 전류를 흘려 빛을 내는 반도체 소자이다. 릴리패드와 함께 사용할 수 있는 LED는 그림 5-1과 같다.

한 가지 색상을 내는 LED가 있고 RGB 색상을 내는 LED가 있다. LED 한쪽에 ⊕와 ⊖가 표시되어 있고 가운데 있는 반도체 소자가 빛을 낸다. LED의 색상은 LED 뒷면에 작게 표시되어 있다. 릴리패드 용 LED는 내부에 저항이 들어 있어 따로 저항을 연결할 필요가 없다.

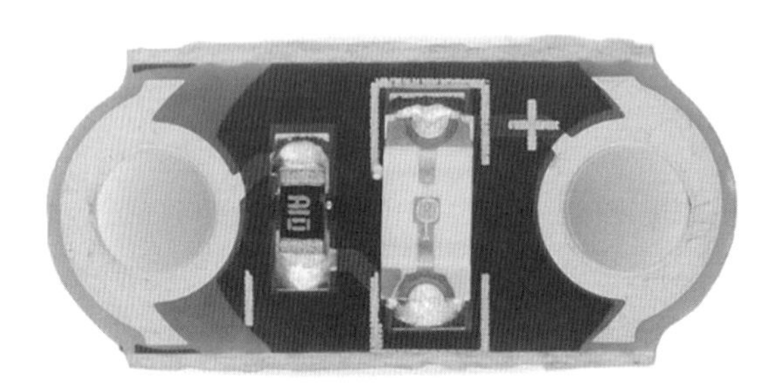

[그림 5-1] LED

5.2 LED 깜박이기

실습 5-1 LED를 릴리패드에 연결(깜박거리지 않음)

준비물

- 릴리패드 아두이노 보드 1개
- 프로그래밍 케이블
- LED 1개
- 악어클립: 검은색 1개, 색상 있는 것 1개

❶ LED 연결하기

전선 끝이 악어 모양의 집게로 된 악어클립은 핀을 집게로 집어서 연결시킬 수 있다. 악어클립은 릴리패드 시스템을 만들 때 직물에 구성하기 전에 미리 작품을 만들어 보는 프로토타입(시제품)을 제작하기에 편리하다. 악어클립으로 테스트가 완성되면 직물에 바느질을 하여 시스템을 구성한다.

- 릴리패드의 (+)에 빨간색 악어클립을 끼우고 LED (+)에 연결한다.
- 릴리패드의 (–)에는 검은색 악어클립을 끼우고 LED(–)에 연결하여 끼운다.
- 프로그래밍 케이블을 연결하면 전원이 공급되어 LED가 켜진다.
- 프로그래밍 케이블을 빼면 전원이 꺼지므로 LED도 꺼진다.
- 전원 공급 장치를 사용할 경우 전원장치나 릴리패드 보드의 스위치를 ON하면 LED가 켜지고 OFF하면 LED가 꺼진다.

LED 연결하기 실습은 릴리패드에 프로그래밍하지 않고 단지 (+)와 (–)를 연결하여 LED를 켜보는 것이다. 전원이 공급되면 LED가 계속 켜지고 전원을 끄면 LED가 꺼지는 상태이다. 이제 우리가 원하는 대로 LED를 제어하기 위해서 프로그래밍 스케치를 작성해 보자.

❷ LED 깜박이기 프로그래밍

우리가 원하는 대로 LED를 제어하기 위해서는 LED의 (+)를 릴리패드의 출력핀(번호 있는 핀)에 연결해야 한다. 그리고 그 핀 번호의 상태를 출력(OUTPUT)으로 지정해 주어야 한다.

실습 5-2 LED 깜박이기 실습

준비물

- 릴리패드 아두이노 보드 1개
- 프로그래밍 케이블
- LED 1개
- 악어클립: 검은색 1개, 색상 있는 것 1개

❶ 악어클립으로 LED 연결하기

- 릴리패드의 (–)에는 검은색 악어클립을 끼우고 LED(–)에 연결하여 끼운다.
- LED(+)를 릴리패드 아두이노 보드의 (11)번 핀에 연결한다.

참고 릴리패드 종류가 달라서 11번 핀이 없을 경우 다른 번호에 연결해도 된다.

릴리패드 USB 보드에 LED를 연결한 회로도는 그림 5-1과 같고 악어클립으로 연결한 그림은 그림 5-2와 같다.

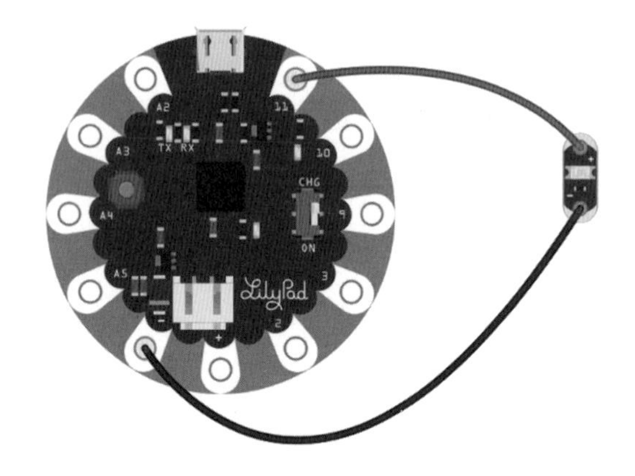

[그림 5-1] 릴리패드에 LED를 연결하는 회로

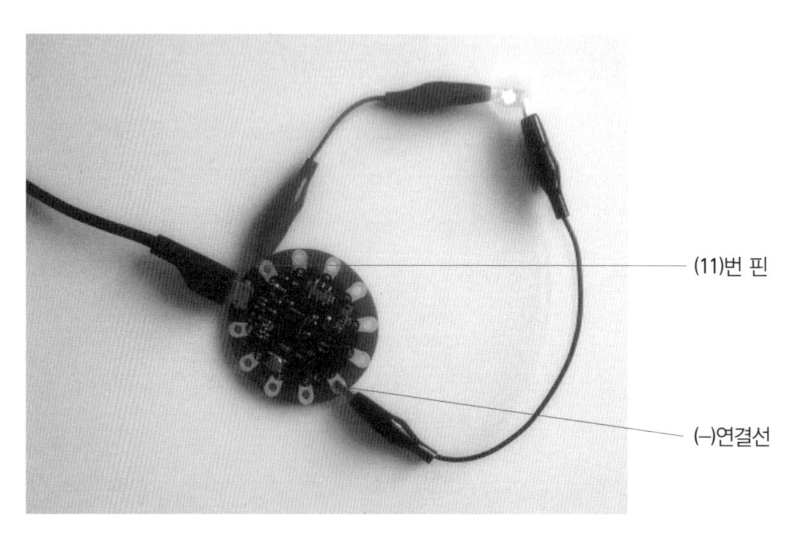

[그림 5-2] 악어클립으로 LED를 11번에 연결한 그림

❷ 봉제하여 LED 연결하기

참고 봉제 방법은 3장을 참고하자.

천을 준비하고 고정시킨 후 릴리패드의 (+)와 전원의 (+)를 전도성 실로 연결하고 릴리패드의 (−)와 전원장치의 (−)를 연결한다. LED의 (+)를 릴리패드 보드의 11번 핀에 연결하고 LED의 (−)는 전원의 (−)에 연결한다. LED의 (−)는 릴리패드의 (−), 또는 전원의 (−)에 연결해도 된다.

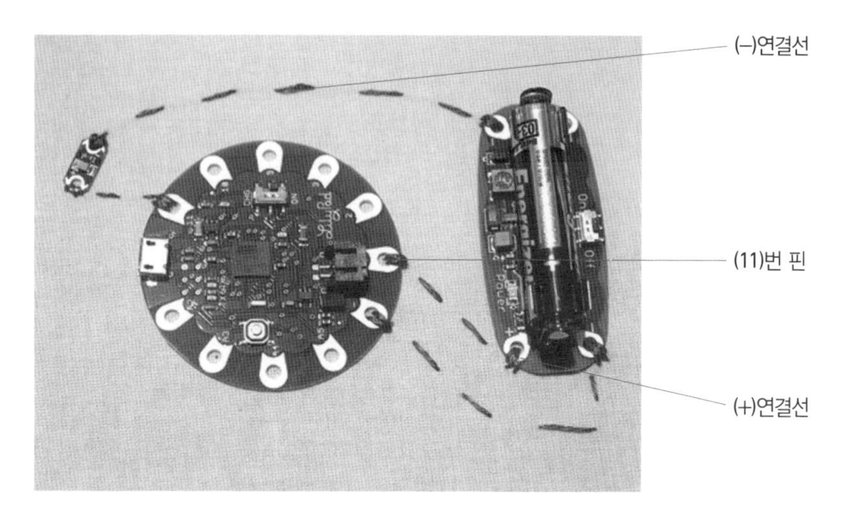

[그림 5-3] 직물에 전도성 실을 이용하여 LED를 11번에 연결한 그림

천에 릴리패드를 구성할 때 수틀을 이용하면 천을 고정시킬 수 있다.

[그림 5-4] 수틀을 이용한 릴리패드와 배터리 및 LED를 연결하기

스케치

LED를 깜박이기 위한 스케치를 작성해 보자. 다음 스케치는 1초간 LED를 켜고 1초간 LED를 끄는 스케치이다.

```
void setup()
{
  pinMode(11, OUTPUT);
}
void loop()
{
  digitalWrite(11, HIGH);
  delay(1000);
  digitalWrite(11, LOW);
  delay(1000);
}
```

스케치 설명

- `pinMode`(핀 번호, 입출력 선택): 릴리패드의 핀은 아날로그나 디지털 입력(INPUT)/출력(OUTPUT) 등으로 정해서 사용할 수 있다. 이때 'M'은 대문자이다.
- `digitalWrite`(핀 번호, 상태): HIGH 또는 LOW 신호를 해당 핀 번호로 보낸다. HIGH는 5V이고, LOW는 0V이다. 이때 'W'는 대문자이다.
- `delay(1000)`: 1초 동안 상태를 유지한다.

5.3 LED 두 개 깜박이기

실습 5-3 LED 두 개 깜박이기

LED 한 개를 켜는 데 성공했으면 LED 두 개 켜기를 시도해 보자.

준비물

- 릴리패드 아두이노 보드 1개
- 프로그래밍 케이블

- LED 2개
- 악어클립 3개

❶ 악어클립을 LED 연결하기

- 릴리패드의 (–)에는 검은색 악어클립을 끼우고 LED(–)에 연결하여 끼운다. (–)는 여러 개를 병렬로 연결할 수도 있다.
- LED 한 개의 (+)를 릴리패드 보드의 (11)번 핀에 연결한다.
- 다른 LED의 (+)를 릴리패드 보드의 (10)번 핀에 연결한다.

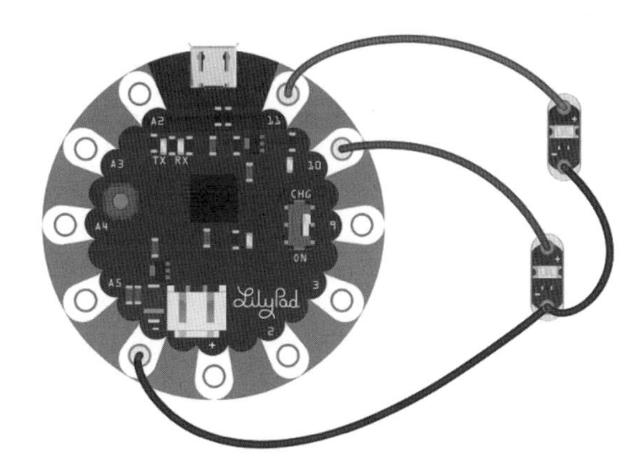

[그림 5-5] 릴리패드에 LED를 두 개 연결하는 회로

스케치

```
void setup(){
  pinMode(11, OUTPUT);
  pinMode(10, OUTPUT);
}
void loop(){
  digitalWrite(11, HIGH);
  digitalWrite(10, HIGH);
  delay(1000);
  digitalWrite(11, LOW);
  digitalWrite(10, LOW);
  delay(1000);
}
```

스케치 설명

```
pinMode(11, OUTPUT);
pinMode(10, OUTPUT);
```

이번 스케치에서는 릴리패드 보드의 핀 두 개를 출력으로 사용하므로 두 개의 핀 번호를 출력으로 지정해 준다.

LED가 연결된 두 개의 핀을 동시에 깜박거리게 하려면 다음과 같이 스케치를 작성한다.

```
digitalWrite(11, HIGH);
digitalWrite(10, HIGH);
delay(1000);
digitalWrite(11, LOW);
digitalWrite(10, LOW);
delay(1000);
```

❷ 천에 구성하기

악어클립으로 테스트를 성공하였으면 직접 천에 바느질하여 시스템을 구성한다. 그림 5-6과 같이 시스템을 구성한 후 전원을 연결한다. 두 개의 LED를 한꺼번에 깜박이게 할 수도 있고 하나씩 서로 번갈아 깜박이게 할 수도 있다.

바느질을 할 때 (+) 연결은 천의 바깥쪽으로, (–) 연결은 천의 안쪽으로 하면 서로 엇갈리지 않게 바느질을 할 수 있다. 그러나 연결선이 많을 경우 어쩔 수 없이 선이 교차될 수 있다. 이때는 천을 덧대거나 절연 패드를 대는 등 다른 방법을 사용해야 한다.

추가 실습 LED 교대로 깜박이기

스케치를 수정하여 원하는 시간 간격으로 LED가 깜박일 수 있도록 만들어 보자.

[실습 문제] LED 두 개가 서로 교대로 켜지도록 만들어 보자.

회로구성: 실습 [5-3]과 동일하다.

스케치

두 개의 LED가 서로 번갈아 깜박이게 하려면 LED 하나가 켜지면 다른 하나는 꺼지도록 만들면 된다. 다음 스케치는 11번 핀의 LED가 켜지면 10번 LED는 꺼지고, 11번 LED가 꺼지면 10번 LED는 켜지도록 하는 스케치이다. 이번 스케치를 응용하여 여러 개의 LED를 제어해 보자.

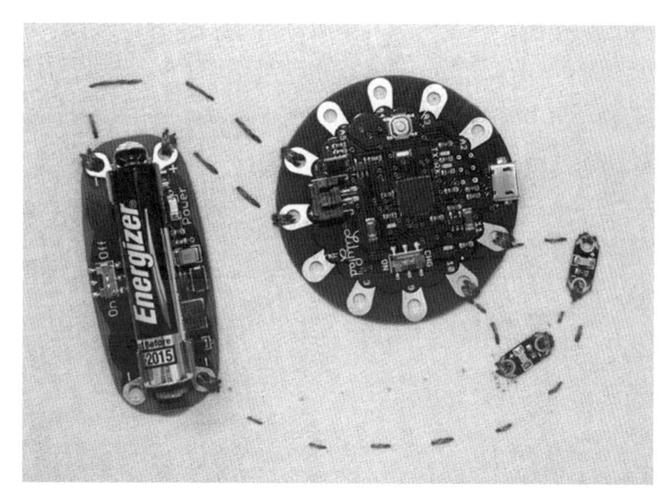

[그림 5-6] 릴리패드와 LED를 천에 봉제한 모습

```
//twoblinks
void setup(){
  pinMode(11, OUTPUT);
  pinMode(10, OUTPUT);
}
void loop(){
  digitalWrite(11, HIGH);
  digitalWrite(10, LOW);
  delay(1000);
  digitalWrite(11, LOW);
  digitalWrite(10, HIGH);
  delay(1000);
}
```

다음 예제에서 LED를 여러 개 연결하여 해바라기 꽃 장식품을 만들어 보자.

5.4 LED 여러 개 제어하기

실습 5-4 LED 여러 개 깜박이기

이 장에서는 LED가 여러 개의 핀에 연결되어 있을 경우 각각 제어하는 실습을 한다. 릴리패드에 LED 핀을 여러 개 사용하면 번호가 순서대로 되어 있지 않는 경우가 많다. 간단한 방법으로 스케치할 때는 LED 번호를 적어주면서 LED를 제어하면 된다. 그러나 LED를 차례로 반짝이게 하거나 할 때는 배열을 사용하면 편리하다. 배열에 대해서는 6장 소리내기에서 자세히 다룬다.

준비물

- 릴리패드 보드 1개
- 프로그래밍 케이블
- LED 여러 개
- 악어클립 여러 개

회로 구성

릴리패드의 (+)핀 번호에는 LED의 (+)가 연결한다. LED의 (−)는 서로 연결해서 릴리패드의 (−)나 건전지 팩의 (−)에 연결해도 된다. 그림에서는 LED의 (+)핀이 11, 10, 9, 3번에 연결되어 있다.

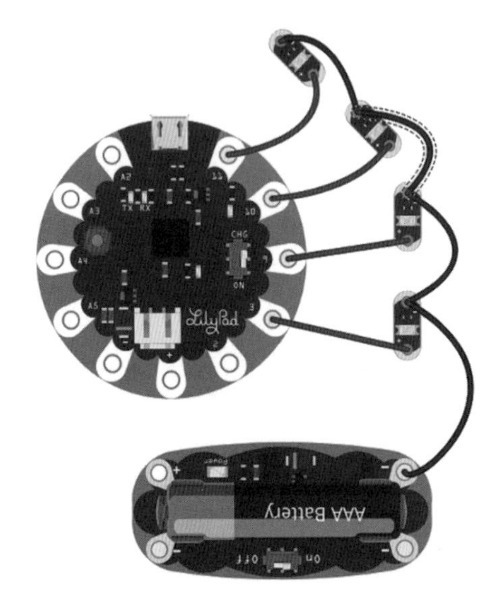

[그림 5-7] 릴리패드에 LED를 여러 개 연결한 회로

실습 5-5 4개의 LED가 동시에 켜지고 꺼지도록 만들어 보자.

다음 스케치를 입력하고 실행시켜 보자. LED가 한꺼번에 0.5초간 깜박인다.

```
int led1=3;
int led2=9;
int led3=10;
int led4=11;

void setup() {
  pinMode(led1, OUTPUT);   // pinMode 설정
  pinMode(led2, OUTPUT);   // pinMode 설정
  pinMode(led3, OUTPUT);   // pinMode 설정
  pinMode(led4, OUTPUT);   // pinMode 설정
}
void loop() {
    digitalWrite(led1, HIGH);
    digitalWrite(led2, HIGH);
    digitalWrite(led3, HIGH);
    digitalWrite(led4, HIGH);
    delay(500);

    digitalWrite(led1, LOW);
    digitalWrite(led2, LOW);
    digitalWrite(led3, LOW);
    digitalWrite(led4, LOW);
    delay(500);
}
```

실습 5-6 배열로 LED 제어하기

```
int led[] = {11, 10, 9, 3};         // LED 번호를 배열로 지정
void setup() {
  for (int i = 0; i < 4; i++) {
    pinMode(led[i], OUTPUT);        // pinMode 설정
  }
}
void loop() {
for (int i = 0; i < 4; i++) {
    digitalWrite(led[i], HIGH);
    delay(500);
    digitalWrite(led[i], LOW);
    delay(500);
  }
}
```

❶ 정수 배열 `led[]`를 만든다. `int led[ ] = {11, 10, 9, 3};`

"11, 10, 9, 3"은 LED가 연결된 핀 번호이다. 핀 번호는 배열 순서대로 led[0], led[1], led[2], led[3]이 된다.

핀 번호	11	10	9	3
배열번호	led[0]	led[1]	led[2]	led[3]

❷ pinMode 설정하기

`pinMode`는 OUTPUT으로 설정하는데 배열로 되어 있으면 `for`문을 이용하여 한꺼번에 설정할 수 있다.

❸ LED 깜박이기

`for`문을 이용하여 배열의 순서대로 LED를 켜고 끄기 스케치를 입력하면 배열에 입력한 순서대로 LED가 깜박인다. 만약 LED의 순서를 바꾸어서 깜박이게 하려면 배열의 순서를 바꾸면 된다. `int led[] = {11, 9, 10, 3};` 으로 수정하면 이 배열 순서대로 LED가 깜박이게 된다.

실습 5-7 LED를 순서대로 깜박이면서 delay 시간을 배열로 조정

```
//by kjy
int led[] = {11, 10, 9, 3};                 // LED 핀 번호
int ledDelay[] = {500, 300, 500, 300};     // delay 시간
void setup() {
  for (int i = 0; i < 4; i++) {
    pinMode(led[i], OUTPUT);
  }
}
void loop() {
  for (int i = 0; i < 4; i++) {
    digitalWrite(led[i], HIGH);
    delay(ledDelay[i]);                     // delay 시간을 순서대로
    digitalWrite(led[i], LOW);
    delay(ledDelay[i]);                     // delay 시간을 순서대로
  }
}
```

delay 배열을 하나 더 만든다. `int ledDelay[] = {500, 300, 500, 300};`
그리고 `delay( )`를 지정할 때 배열 이름과 번호를 적어준다.

```
delay(ledDelay[i]);
```

그러면 여러 개의 LED가 있을 때 원하는 대로 LED가 켜지는 시간을 제어할 수 있다.

참고 네이버 카페의 동영상 http://cafe.naver.com/lilypad/8

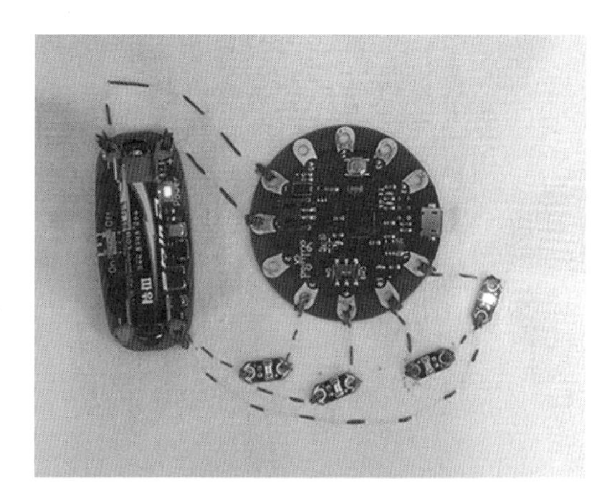

[그림 5-8] 릴리패드에 LED를 여러 개 연결하여 봉제한 모습

5.5 해바라기 목걸이(배열 활용)

부직포로 된 해바라기 꽃에 LED를 전도성 실을 이용해서 붙이고 프로그래밍하여 LED가 순차적으로 깜박이도록 만들었다. 동영상은 네이버 카페에서 확인할 수 있다.

준비물

- 릴리패드 USB 1개
- 프로그래밍 케이블
- LED 4개
- 전도성 실
- 전원장치
- AAA 건전지 1개

해바라기 목걸이를 만들 때 주의할 점은 릴리패드 보드와 LED를 연결할 때 서로 선이 겹치지 않도록 주의해서 연결한다는 점이다. 전원장치는 꽃의 뒤쪽에 연결하여 앞에서 보이지 않도록 한다.

아래의 릴리패드 네이버 카페에서 동영상으로 확인해 보자.

http://cafe.naver.com/lilypad/32

[그림 5-9] 릴리패드 해바라기

```
//by Jooyoung Ko
int myPin[]={3, 6, 5, 11};
int myDelay[]={500, 300, 300, 500};
int i;
void setup() {
  for(i=0; i<4; i++){
    pinMode(myPin[i], OUTPUT);
  }
}
void loop() {
  for(i=0; i<4; i++){
    digitalWrite(myPin[i], HIGH);
    delay(myDelay[i]);
  }
}
```

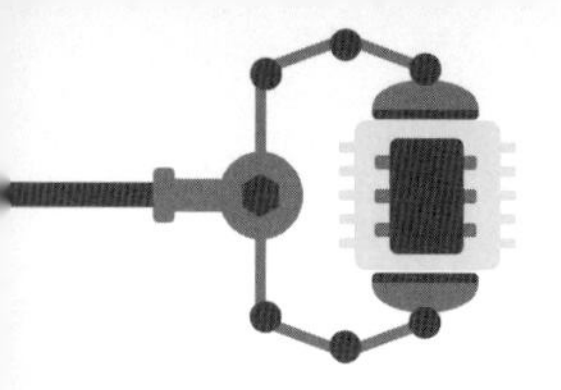

요약

- 릴리패드용 LED는 내부 저항이 들어 있어 따로 저항을 사용하지 않는다.
- LED를 릴리패드에 연결할 때 LED의 (+)를 릴리패드의 핀 번호에 연결한다.
- LED의 (–)는 릴리패드의 (–)에 연결하거나 전원장치의 (–)에 연결해도 된다.
- digitalWrite(11, HIGH);는 11번 핀에 5V 신호를 보낸다는 의미이다.
- LED를 두 개 사용할 때 LED의 핀은 릴리패드의 핀에 각각 연결되어야 한다.
- 배열을 이용하여 LED 핀을 지정할 수 있다.

자가평가

번호	질문	O	X
1	릴리패드와 LED를 악어클립으로 연결할 수 있다.		
2	출력을 위한 핀모드(pinMode)를 지정할 수 있다.		
3	LED를 두 개 연결하여 번갈아 가면서 깜박이게 할 수 있다.		
4	for문을 이용하여 pinMode를 설정할 수 있다.		
5	LED 깜박이는 시간을 배열을 이용하여 지정할 수 있다.		

연습문제

1. `digitalWrite(11, LOW);`은 어떤 의미인가?

2. `delay(500);`은 어떤 의미인가?

3. `pinMode(11, OUTPUT);`은 어떤 의미인가?

4. LED를 여러 개 사용할 때 LED의 (–) 핀을 서로 연결해도 될까?

연습문제 해답

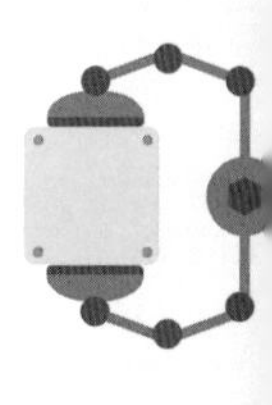

1. 11번 핀에 0V 신호를 보낸다는 의미이다. 즉 LED가 꺼지는 상태가 된다.
2. 0.5초간 다음 명령이 시작될 때까지 대기한다.
3. 11번 핀을 출력 상태로 만든다.
4. LED의 (–)는 서로 연결해도 된다.

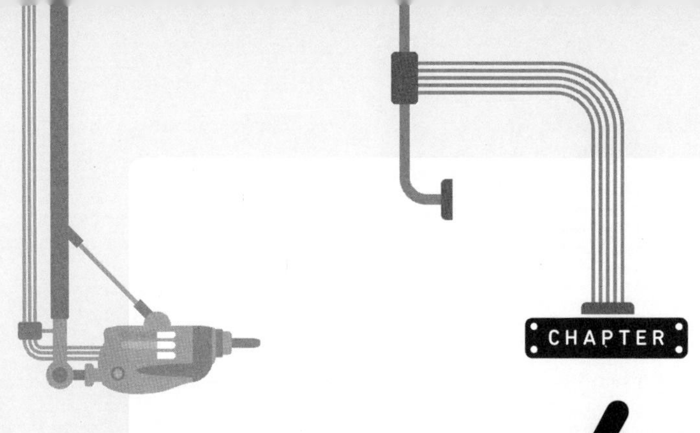

6

부저로 소리 내기 (작곡)

릴리패드 용 부저는 주파수에 따라 소리를 내는 부품으로, 이를 이용하여 소리를 만들어 보자.

수업목표

- 릴리패드로 부저 회로를 구성할 수 있다.
- 배열을 사용하여 음계를 저장할 수 있다.
- 부저로 음악을 연주할 수 있다.

실습내용

- 이 장에서는 부저를 이용하여 음악 소리를 만들어 본다. 소리의 높낮이는 tone() 함수를 이용한다. 여러 개의 서로 다른 음을 이용하여 음악을 만들어 보자.

사용부품

- 릴리패드 보드
- 프로그래밍 케이블
- 악어클립 2개
- 부저 1개

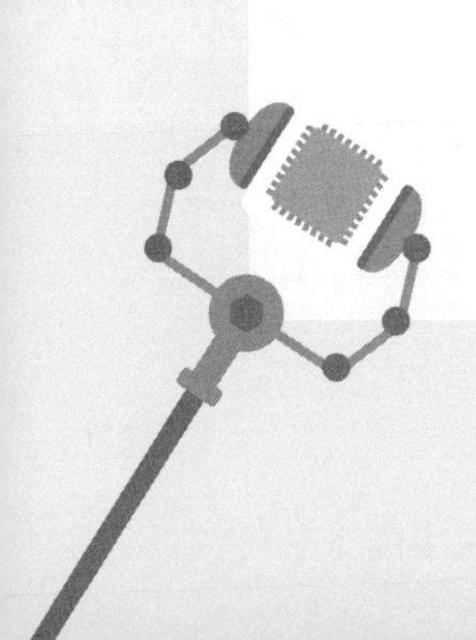

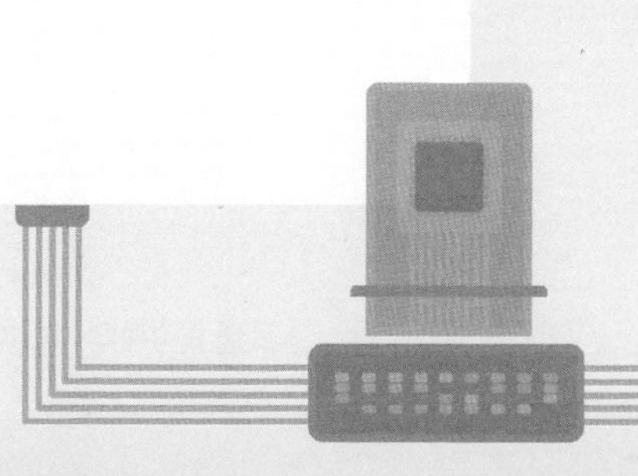

6.1 tone(); 함수로 작곡하기 (떴다 떴다 비행기: 미레도레미미미)

그림 6-1과 같은 릴리패드에 연결하여 사용하는 부저는 I/O 핀이 두 개 있으며, 릴리패드 스케치에서 주파수를 다르게 설정하면 서로 다른 소리가 난다. 부저는 아주 작은 부품이지만 이를 이용하여 노래를 연주할 수 있다.

[그림 6-1] 부저(피에조 스피커)

우리가 소리를 들을 수 있는 것은 공기 속으로 전달되는 진동이 있기 때문이다. 이 진동을 주파수라고 한다. 진동수가 높으면 높은 소리, 낮으면 낮은 소리가 난다. tone() 함수를 이용하여 진동수를 변화시키면 릴리패드에서 부저로 여러 가지 소리를 만들 수 있다. 그리고 각 소리의 길이를 조절하면 박자를 만들 수 있다. 음의 주파수와 음의 지속 길이인 박자를 변화시켜 음악을 만들어 연주해 보자.

실습 6-1 부저 이용하여 소리내기

릴리패드에서 부저를 이용하여 소리를 내어보자. 부저의 (+)와 (–)가 어느 쪽인지 확인하여 둔다. 부저의 (+)쪽은 릴리패드의 3번 핀에 연결하고 (–) 핀은 릴리패드의 (–)에 연결한다.

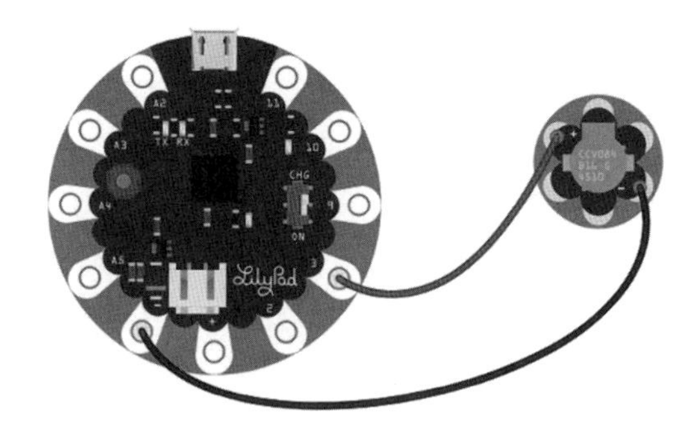

[그림 6-2] 릴리패드와 피에조 연결 회로

다음 스케치를 입력하자. 1초간 삐 소리가 난다.

소리를 다시 내고 싶으면 릴리패드의 리셋(Reset) 스위치를 누른다.

```
void setup(){
  tone(3, 532, 1000);        // 532 주파수로 1초간 소리 냄
  delay(1000);               // 소리가 끝날 때까지 기다림
}
void loop(){                 // 반복 구간, 빈 부분을 그대로 둔다.
}
```

스케치 설명

`tone(3, 532, 1000);`은 tone(핀 번호, 주파수 Hz, 지속시간)을 의미한다. `delay(1000);`은 1초간 소리가 끝날 때까지 기다린다.

6.2 주파수 이용하여 음계 만들기

실습 6-2 주파수를 입력하여 음 만들기

그림 6-3의 피아노 건반 그림에 나온 숫자는 주파수이다. 그림에 C, D, E, F, G, A, B는 음의 이름, 즉 '도, 레, 미, 파, 솔, 시'를 의미하고 숫자는 해당되는 음의 주파수이다. 같은 음이라도 음의 높이에 따라 주파수가 다르다. C5와 C6은 같은 '도'이지만 한 옥타브 차이로 음 높이가 다른 것을 의미한다.

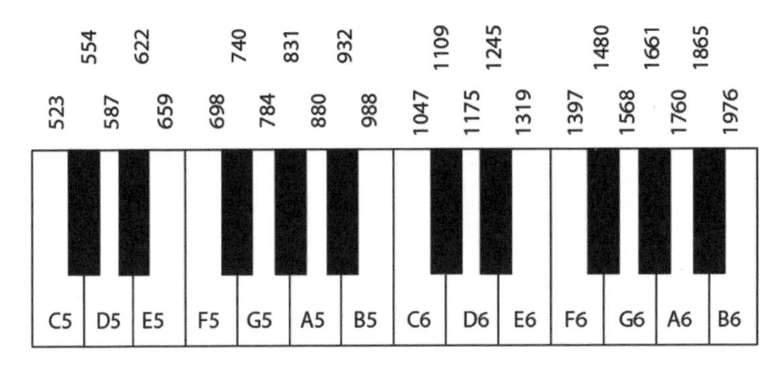

[그림 6-3] 피아노 건반 주파수

다음 표에 사용할 음의 이름을 적고 주파수를 입력해보자.

음 이름				
주파수				

"도, 레, 미, 파"를 주파수를 이용하여 음을 만들어 보자. 다음은 음을 만드는 예제이다.

음 이름	도(C5)	레(D5)	미(E5)	파(F5)
주파수	523	587	659	698

다음 스케치를 작성하여 릴리패드에 업로드해 보자.

```
// toneDoReMi
void setup(){
  tone(3, 523, 1000); delay(1000);
  tone(3, 587, 1000); delay(1000);
  tone(3, 659, 1000); delay(1000);
  tone(3, 698, 1000); delay(1000);
}
void loop(){
}
```

스케치를 업로드한 후 소리가 "도, 레, 미, 파"로 잘 나는지 확인해 보자. 더 높은 음계의 소리를 내려면 다음 표를 사용하면 된다.

음 이름	도(C6)	레(D6)	미(E6)	파(F6)
주파수	1047	1175	1319	1397

6.3 노래 만들기

실습 6-3 주파수 이용하여 노래 만들기

주파수를 이용하여 "떴다떴다 비행기" 노래를 만들어 보자. 계명은 "미레도레미미미"이다.

❶ 음 배열 만들기

음의 주파수는 모두 정수형이므로 하나의 배열을 만들어 사용할 수 있다. 배열 이름은 "music1"으로 하고 주파수로 초기화한다. "미레도레미미미"의 주파수를 배열의 데이터로 입력한다.

```
int music1[]={330, 294, 262, 295, 330, 330, 330};
```

음 길이 배열 이름은 "music2"라고 만든다.

```
int music2[]={188, 62, 250, 250, 250, 250, 250};
```

음의 길이로 250을 지정하면 0.25초 동안 실행되는데, 4분 음표 한 박자 정도 길이가 된다. 반 박자인 8분 음표로 연주하려면 125를 지정하면 된다. 이번 예제와 다르게 음의 길이는 본인 마음대로 지정해도 된다.

다음 스케치를 입력해보자.

```
// music1.dat
int music1[]={330, 294, 262, 295, 330, 330, 330};
int music2[]={188, 62, 250, 250, 250, 250, 250}; // 250은 한 박자 길이
void setup() {
  for (int i = 0; i < 7; i++) {
    tone(3, music1[i],music2[i]); // 핀 번호 확인
    delay(music2[i]*1.3);      // 음 사이의 간격을 주어 음이 분리되는 효과 줌
    noTone(3);
  }
}
void loop() {
}
```

스케치가 완성되었으면 실행시켜보자. 실행이 되면 메뉴에서 파일 > 다른 이름으로 저장을 누르고 myMusic.dat으로 저장하자.

스케치 설명

```
int music1[]={330, 294, 262, 295, 330, 330, 330};
int music2[]={188, 125, 250, 250, 250, 250, 250}; // 250은 한 박자 길이
```

음의 주파수와 음의 길이를 배열로 만들어서 사용한다.

```
for (int i = 0; i < 7; i++) {
    tone(3, music1[i],music2[i]); // 핀 번호 확인
    delay(music2[i]*1.3);     // 음대기 시간에 1.3을 곱하여 음의 간격을 준다
    noTone(3);
}
```

- `int music1[]={ };`
- `for` (조건문)

❷ 새로운 명령어를 살펴보자.

int music1[]={ };

지정된 데이터들을 모아 두는 것을 배열(array)이라고 한다. 배열은 같은 형의 데이터를

연속하여 저장하는 장소이다. 배열은 데이터가 입력된 순서대로 0번째, 1번째, 2번째 순서가 된다. 이곳에서는 음표들과 음길이 데이터를 모아 두었다.

```
int music1[]={330, 294, 262, 295, 330, 330, 330};
```

위 문장의 의미는 정수형 배열이고 이름은 "music1"이다. 저장되어 있는 데이터는 다음 표처럼 순서대로 방에 들어 있는 것과 같다.

순서	0	1	2	3	4	5	6
데이터	330	294	262	295	330	330	330

이 배열의 내용은 음의 높이를 나타낸다. 숫자는 소리를 내는 주파수이다.

for(조건문)

for( ) 다음에 나오는 중괄호 { } 안의 내용을 조건만큼 반복하는 명령이다. loop()와 비슷한 의미이다.

```
for(int i = 0; i < 7; i++) {
tone(3, 음표, 길이); delay(길이);
}
```

는 0번째부터 7보다 작을 때까지, 즉 6까지 일곱 번 tone(); 명령을 수행하라는 의미이다. 위의 소스코드에서 보면 배열에 들어 있는 순서대로 주파수와 길이를 실행하라는 의미이다.

6.4 헤더파일 사용하기

실습 6-4 pitches.h 사용하기(toneMelody 예제 파일 사용하기)

아두이노를 실행하고 메뉴에서 [파일] > [예제] > [02.digital] > [toneMelody]를 연다. toneMelody 스케치가 열린다. 그림 6-4에서 toneMelody 탭 옆에 pitches.h가 보인다.

이와 같이 확장자가 .h인 파일을 헤더파일이라고 한다. 이 파일은 실습에 사용할 음표들을 미리 정의해 둔 파일이다. 음표들은 [C, D, E, F, G, A, B, C]로 표시하는데, 우리말 음계로 [도, 레, 미, 파, 솔, 라, 시, 도]라는 의미이다, 그림 6-5는 pitches.h의 파일 내용이다.

[그림 6-4] pitches.h 헤더파일

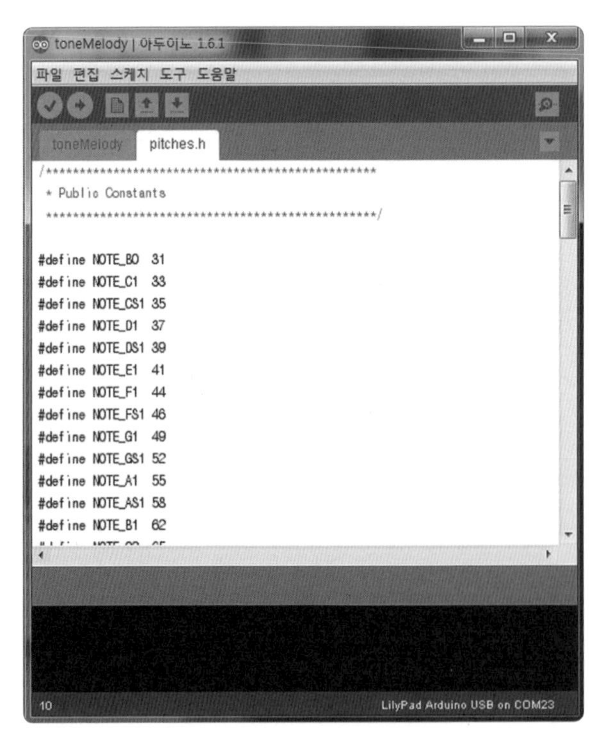

[그림 6-5] pitches.h 파일 내용

pitches.h는 http://cafe.naver.com/arduinocafe/1916이나 http://arduino.cc/en/tutorial/tone3에서 다운로드 받을 수 있다. pitches.h에 정의된 주파수는 다음 표와 같다.

NOTE_B0 31	NOTE_AS2 117	NOTE_A4 440	NOTE_GS6 1661
NOTE_C1 33	NOTE_B2 123	NOTE_AS4 466	NOTE_A6 1760
NOTE_CS1 35	NOTE_C3 131	NOTE_B4 494	NOTE_AS6 1865
NOTE_D1 37	NOTE_CS3 139	NOTE_C5 523	NOTE_B6 1976
NOTE_DS1 39	NOTE_D3 147	NOTE_CS5 554	NOTE_C7 2093
NOTE_E1 41	NOTE_DS3 156	NOTE_D5 587	NOTE_CS7 2217
NOTE_F1 44	NOTE_E3 165	NOTE_DS5 622	NOTE_D7 2349
NOTE_FS1 46	NOTE_F3 175	NOTE_E5 659	NOTE_DS7 2489
NOTE_G1 49	NOTE_FS3 185	NOTE_F5 698	NOTE_E7 2637
NOTE_GS1 52	NOTE_G3 196	NOTE_FS5 740	NOTE_F7 2794
NOTE_A1 55	NOTE_GS3 208	NOTE_G5 784	NOTE_FS7 2960
NOTE_AS1 58	NOTE_A3 220	NOTE_GS5 831	NOTE_G7 3136
NOTE_B1 62	NOTE_AS3 233	NOTE_A5 880	NOTE_GS7 3322
NOTE_C2 65	NOTE_B3 247	NOTE_AS5 932	NOTE_A7 3520
NOTE_CS2 69	NOTE_C4 262	NOTE_B5 988	NOTE_AS7 3729
NOTE_D2 73	NOTE_CS4 277	NOTE_C6 1047	NOTE_B7 3951
NOTE_DS2 78	NOTE_D4 294	NOTE_CS6 1109	NOTE_C8 4186
NOTE_E2 82	NOTE_DS4 311	NOTE_D6 1175	NOTE_CS8 4435
NOTE_F2 87	NOTE_E4 330	NOTE_DS6 1245	NOTE_D8 4699
NOTE_FS2 93	NOTE_F4 349	NOTE_E6 1319	NOTE_DS8 4978
NOTE_G2 98	NOTE_FS4 370	NOTE_F6 1397	
NOTE_GS2 104	NOTE_G4 392	NOTE_FS6 1480	
NOTE_A2 110	NOTE_GS4 415	NOTE_G6 1568	

toneMelody 파일을 실행시켜보자.

"딴따라 단따 딴딴" 소리가 나면 성공이다. 이 파일에 사용된 스케치를 살펴보자.

```
#include "pitches.h"
int melody[] = {
  NOTE_C4, NOTE_G3,NOTE_G3, NOTE_A3, NOTE_G3,0, NOTE_B3, NOTE_C4};
int noteDurations[] = { 4, 8, 8, 4, 4, 4, 4, 4 };
void setup() {
  for (int thisNote = 0; thisNote < 8; thisNote++) {
    int noteDuration = 1000/noteDurations[thisNote];
    tone(8, melody[thisNote],noteDuration);
    int pauseBetweenNotes = noteDuration * 1.30;
    delay(pauseBetweenNotes);
    noTone(8);
  }
}
void loop() {
}
```

실습 6-5 pitches.h 헤더파일 만들기

헤더파일은 이미 만들어져 있는 것을 사용할 수도 있고 사용자가 직접 만들어서 사용할 수도 있다. 헤더파일에는 프로그램을 만들 때 반복해서 선언하거나 사용하는 명령어들을 모아 두어 필요할 때 불러서 사용하는 프로그램 파일을 말한다.

❶ 헤더파일을 추가하려면 먼저 새 탭을 만든다.

아두이노 메뉴에서 오른쪽 맨 끝의 삼각형 단추를 누르고 [새 탭]을 선택한다.

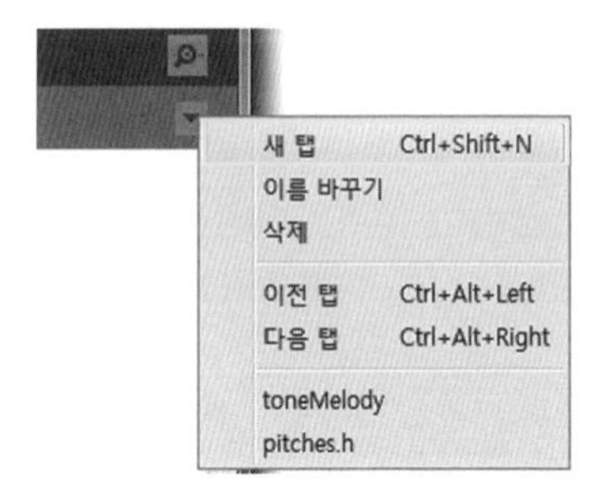

[그림 6-6] 새 탭 선택

❷ 새로운 파일 이름 칸에 `pitches.h`를 입력한다.

[그림 6-7] 헤더파일 이름 입력 화면

❸ [확인] 단추를 누른다.

헤더파일 소스코드를 인터넷에서 복사하여 붙이기한다.

http://cafe.naver.com/arduinocafe/1916

헤더파일을 만들고 사용하려면 헤더파일(예: `#include "pitches.h"`)을 스케치의 맨 위쪽 부분에 넣어야 한다.

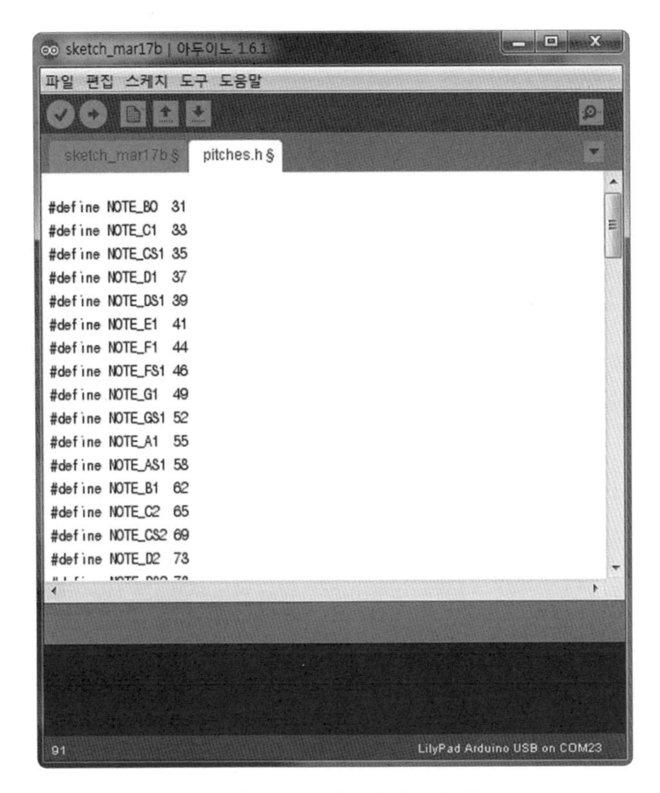

[그림 6-8] 헤더파일 만들기

```
#include "pitches.h"
int melody[] = {
  NOTE_C4, NOTE_G3,NOTE_G3, NOTE_A3, NOTE_G3,0, NOTE_B3, NOTE_C4};

int noteDurations[] = { 4, 8, 8, 4, 4, 4, 4, 4 };
void setup() {
  for (int thisNote = 0; thisNote < 8; thisNote++) {
    int noteDuration = 1000/noteDurations[thisNote];
    tone(8, melody[thisNote],noteDuration);
    int pauseBetweenNotes = noteDuration * 1.30;
    delay(pauseBetweenNotes);
    noTone(8);
  }
}
void loop() {
}
```

스케치에 사용된 새로운 명령어

- `#include "pitches.h"`
- `int melody[]={ }`
- `for` (조건문)

❹ 새로운 명령어를 살펴보자.

#include "pitches.h"

헤더파일이라고 하며 음표를 미리 정의해 둔 파일이다. 맨 처음에 적는다.

int melody[]={ }

지정된 데이터들을 모아 두는 것을 배열(array)이라고 한다. 배열은 같은 형의 데이터를 연속하여 저장하는 장소이다. 배열은 데이터가 입력된 순서대로 0번째, 1번째, 2번째 순서가 된다. 이곳에서는 음표들과 음길이 데이터를 모아 두었다.

```
int noteDurations[] = { 4, 8, 8, 4, 4 ,4, 4, 4 };
```

이 명령어의 의미는 정수형 배열이고 이름은 noteDurations이다. 데이터는 다음 표처럼 순서대로 방에 들어 있는 것과 같다.

순서	[0]	[1]	[2]	[3]	[4]	[5]	[6]	[7]
데이터	4	8	8	4	4	4	4	4

이 배열의 내용은 음의 박자를 나타낸다. 4는 4분 음표, 8은 8분 음표 길이를 의미한다. 음 길이는 1000/박자로 계산한다. 음의 박자가 4이면 음의 길이는 1000/4이므로 250이 된다. 따라서 0.25초만큼 소리가 난다. 음의 박자가 8이면 1000/8으로 125가 되어 0.125초 동안 소리가 난다.

```
int melody[] = { NOTE_C4, NOTE_G3,NOTE_G3, NOTE_A3, NOTE_G3,0, NOTE_B3,
NOTE_C4};
```

이 명령어에 들어 있는 음표는 다음 표와 같다.

순서	[0]	[1]	[2]	[3]	[4]	[5]	[6]	[7]
데이터	도	솔	솔	라	솔	없음(쉼표)	시	도

`pitches.h` 파일에 보면 음은 같은 "도"인데 높이가 서로 다른 내용이 있다.

#define NOTE_C1 33은 주파수가 33이고

#define NOTE_C2 65는 주파수가 65이고

#define NOTE_C3 131은 주파수가 131이다.

모두 '도'이지만 서로 한 음계씩 높이가 다르다. 음악에 따라 골라서 사용하면 된다.

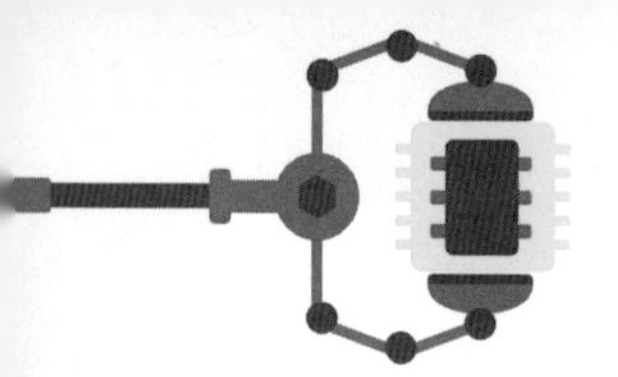

요약

- 부저로 소리를 내려면 tone() 함수를 사용한다.
- 주파수를 다르게 하면 서로 다른 음을 만들 수 있다.
- 배열에는 여러 음의 주파수 데이터를 넣을 수 있다.
- 미리 만들어 둔 pitches.h 파일에 음의 길이를 정해서 활용할 수 있다.
- 배열에 저장된 음 데이터는 for() 제어문을 이용하여 읽을 수 있다.
- tone() 함수를 이용하여 간단한 노래를 만들 수 있다.

자가평가

번호	질문	O	X
1	'도' 음을 tone() 함수를 이용하여 만들 수 있다.		
2	'도, 레, 미' 음을 만들 수 있다.		
3	여러 개의 음을 배열에 저장할 수 있다.		
4	for() 문을 사용하여 배열의 데이터를 읽을 수 있다.		
5	delay()를 이용하여 음의 길이를 지정할 수 있다.		

연습문제

1. 부저를 이용하여 소리를 낼 때 tone( )에 필요한 매개변수는 무엇인가?

2. '도' 음을 내는 주파수는 하나만 있는가?

3. int arr[]={100, 200, 300, 400, 500};일 때 arr[1]의 값은?

4. int arr[]={100, 200, 300, 400, 500};을 for()문을 이용하여 읽는 프로그램을 작성하자(핀 번호 11, 음 길이 500으로 지정한다).

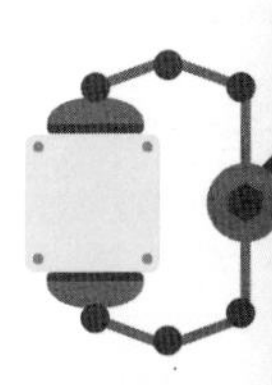

연습문제 해답

1. (핀 번호, 주파수, 시간)

2. 아니오, 음계에 따라 '도'음을 여러 개 낼 수 있다(정수).

3. 200 (첫 번째 데이터는 0번째이다.)

4.
```
for(int i; i<5; i++)
{
tone(11, arr[i], 500); delay(500);
}
```

미션과제

[미션] 다음 그림은 동요 "곰 세 마리"의 일부분이다. pitches.h 헤더파일을 이용하여 음악을 만들어 보자.

[힌트] C는 도, G는 솔, E는 미 음계를 의미한다.

음의 길이는 한 박자는 4, 반 박자는 8을 적용한다.

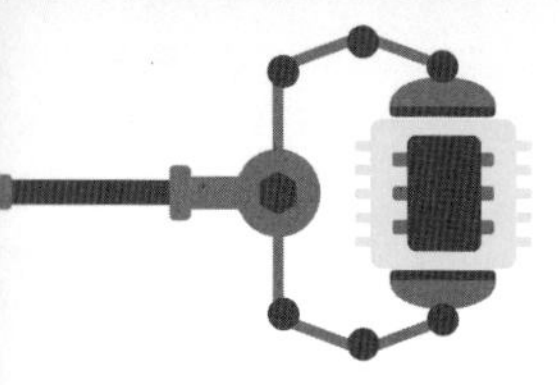

```
#include "pitches.h" // 헤더파일
int ms1[] = {NOTE_C5, NOTE_C5, NOTE_C5, NOTE_C5, NOTE_C5,
NOTE_E5, NOTE_G5, NOTE_G5, NOTE_E5, NOTE_C5,
NOTE_G5, NOTE_G5, NOTE_E5, NOTE_G5, NOTE_G5, NOTE_E5,
NOTE_C5, NOTE_C5, NOTE_C5};
int ms2[] = {4, 8, 8, 4, 4, 4, 8, 8, 4, 4, 8, 8, 4, 8, 8, 4, 4, 4, 2 };
                             // 3은 1.5박자, 8은 8분음표 길이
void setup() {
  for (int i = 0; i < 19; i++) {
    int ms = 1000/ms2[i];
    tone(9, ms1[i],ms);        // 핀 번호는 확인
    int j = ms * 1.30;
    delay(j);
    noTone(8);               // 음을 정지
  }
}
void loop() {
}
```

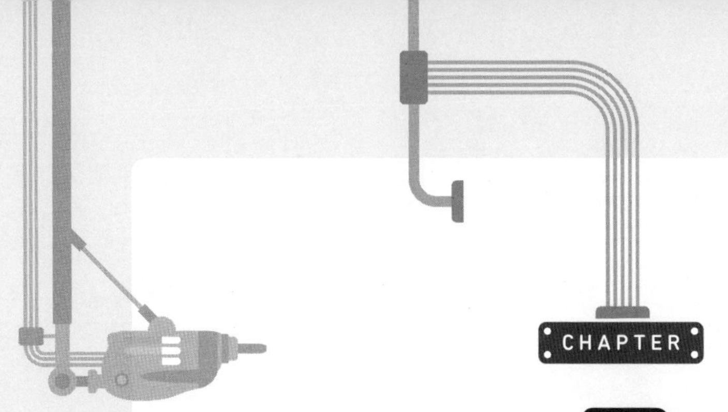

디지털 스위치 만들기 (센싱)

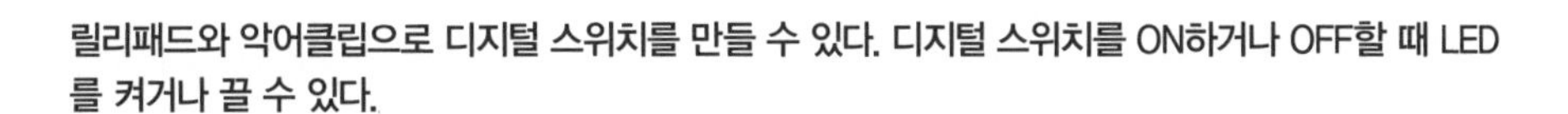

릴리패드와 악어클립으로 디지털 스위치를 만들 수 있다. 디지털 스위치를 ON하거나 OFF할 때 LED를 켜거나 끌 수 있다.

수업목표

- 디지털 스위치를 만들 수 있다.
- 디지털 출력 회로를 구성할 수 있다.
- 릴리패드를 이용하여 스위치로 LED를 제어할 수 있다.

사용부품

- 릴리패드 1개
- 프로그래밍 케이블 1개
- 점퍼선 2개

실습내용

- 이 장에서는 디지털 스위치를 직접 만들어 LED를 켜거나 끌 수 있다. 스위치를 연결하면 LED가 켜지고 떼면 꺼지는 프로그램을 만들어 보자.

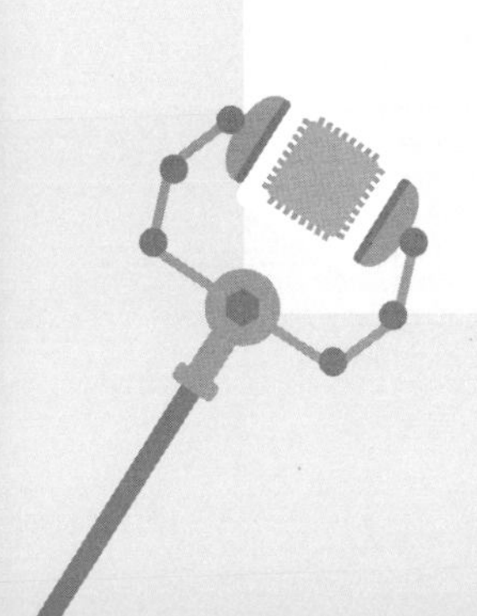

7.1 디지털 스위치 활용

실습 7-1 스위치 회로 만들기

스위치는 전원을 공급하거나 끊어 주는 역할을 한다. 릴리패드 아두이노 보드와 전선 두 개(검은색, 빨간색)만 있으면 스위치를 만들어 볼 수 있다.

아두이노 보드에서 스위치를 만들려면 저항이 꼭 있어야 하는데, 릴리패드 아두이노 보드에서는 저항이 따로 필요 없다. 그러므로 간단하게 악어클립 두 개로 스위치를 만들 수 있다.

회로도를 그려보면 그림 7-1과 같이 표현된다. 검은색 선 하나는 릴리패드의 (–)에 연결하고 다른 하나는 릴리패드의 11번 핀에 연결한다는 의미이다.

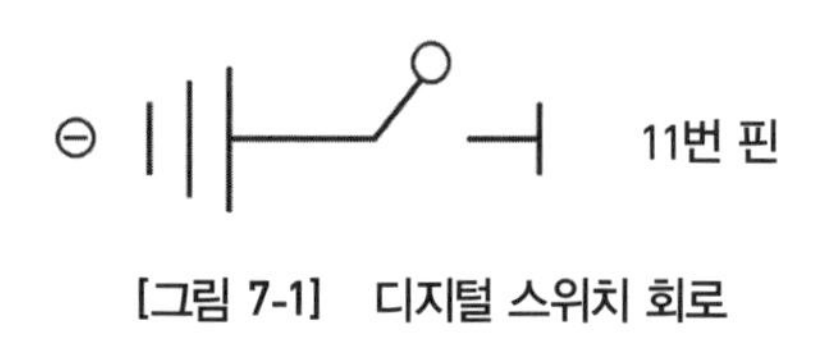

[그림 7-1] 디지털 스위치 회로

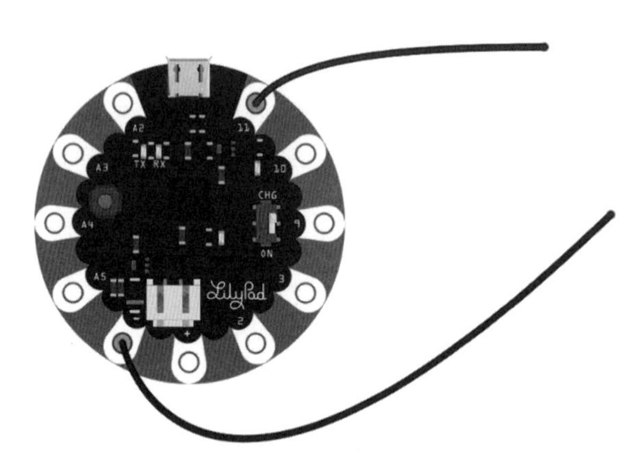

[그림 7-1] 디지털 스위치 회로

검은색 악어클립을 릴리패드의 (–)에 연결한다. 빨간색 악어클립은 릴리패드의 11번에 연결한다.

❶ 아두이노에 스케치를 입력한다.

```
// 11번은 스위치(sw)
// 13번은 LED
void setup(){
  pinMode(13, OUTPUT);
  digitalWrite(11, HIGH);
  pinMode(11, INPUT);
}
void loop(){
  int sw=digitalRead(11);
  if(sw==HIGH){
    digitalWrite(13, LOW);
  }
  else{
    digitalWrite(13, HIGH);
  }
}
```

스케치에서 스위치를 11번 핀으로 설정하고 LED는 13번이므로 그대로 지정한다. 두 개의 선이 연결되었으면 서로 붙여본다. LED 13번이 켜지는 것을 확인할 수 있다. 선을 떼면 LED가 꺼진다.

악어클립이 서로 떨어져 있으면 sw 값이 HIGH가 되므로 LED가 꺼지는 상태가 되고 악어클립이 붙으면 sw 값이 LOW가 되어 LED가 켜진다.

❷ 스케치를 컴파일하기

아두이노 메뉴에서 컴파일 버튼을 클릭한다.

❸ 스케치를 릴리패드 아두이노에 업로드하기

아두이노 메뉴에서 업로드 버튼을 클릭한다.

❹ 확인하기

아두이노 보드에 불이 깜박거리면 프로그램이 다운로드되고 있다는 상태이다. 불이 깜박이는 것을 멈추고 아두이노에서 "업로드 완료" 메시지가 나오면 프로그램 다운로드가 끝난 것이다. 그림과 같이 악어클립을 붙여보면 릴리패드 보드에 있는 LED의 불이 들어온다. 다시 악어클립을 떼면 불이 꺼진다. 반복하여 테스트해 본다. 이와 같이 (+)선과 (–) 선을 이용하여 간단한 스위치가 완성되었다.

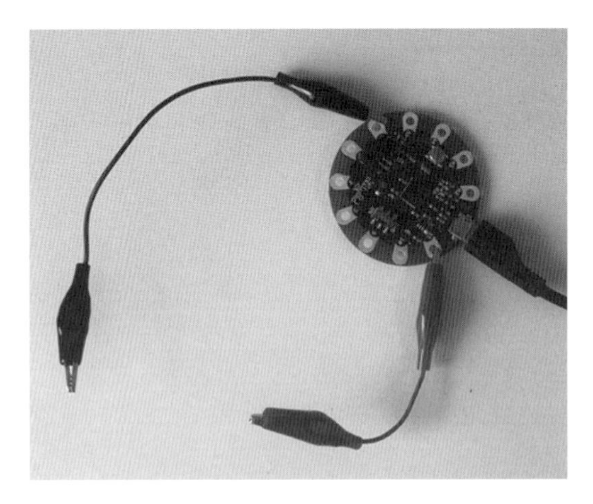

[그림 7-2] 릴리패드로 스위치 만들기

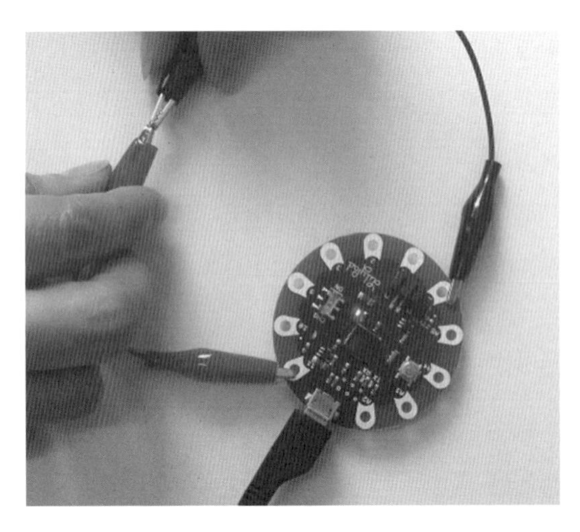

[그림 7-3] 릴리패드 아두이노 스위치 만들기-연결된 상태

요약

- 릴리패드와 악어클립을 이용하여 디지털 스위치를 만들 수 있다.
- 디지털 스위치를 연결하면 릴리패드의 LED를 켜거나 끌 수 있다.
- 악어클립을 연결하면 LOW 신호가 전달되고 악어클립을 떼면 HIGH 신호가 전달된다.

자가평가

번호	질문	O	X
1	릴리패드와 악어클립으로 디지털 스위치를 만들 수 있다.		
2	디지털 스위치를 만드는 프로그래밍을 할 수 있다.		
3	디지털 스위치를 만들기 위해 pinMode(11, INPUT); 은 11번 핀을 입력으로 설정한다.		
4	if() 문을 이용하여 스위치를 연결하면 LED가 꺼지게 할 수 있다.		

연습문제

1. `if(button==HIGH) //button` 값이 1이면 참이다. (○, ×)

2. `digitalWrite(11, HIGH);`는 어떤 의미인가?

3. `digitalWrite(11, HIGH);`를 `setup()`에서 지정해 주는 이유는 무엇인가?

연습문제 해답

1. ○(if 조건문이 참이면 1이 된다).

2. 11번 핀에 5V를 보낸다는 의미이다.

3. 릴리패드의 풀업 저항을 사용하기 위해서이다.

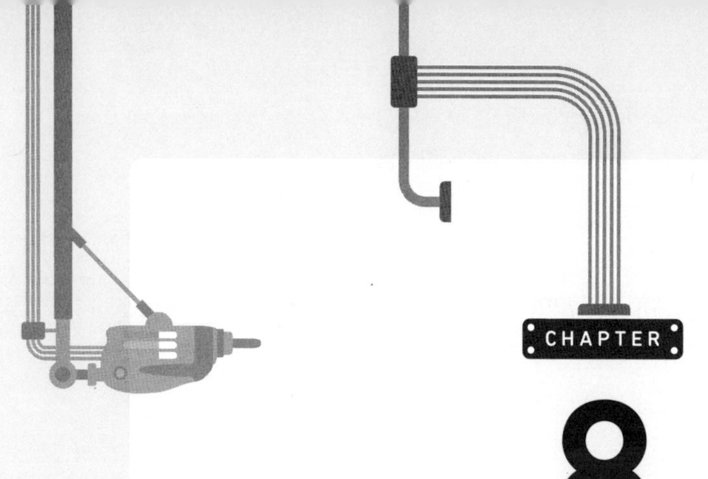
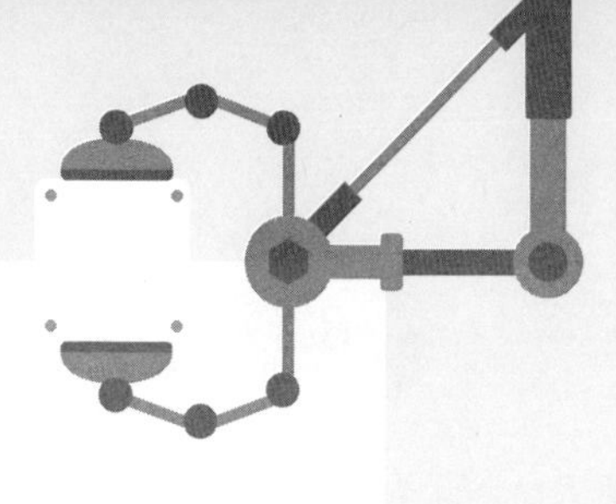

CHAPTER

8

온도 읽기

릴리패드와 온도센서를 이용하여 실내의 온도를 측정해 보자. 온도센서는 아날로그 값을 측정하므로 아날로그 입력 핀으로 온도 값을 읽는다. 온도의 변화에 따라 LED를 켜거나 끄게 만들어 보자.

수업목표

- 온도저항과 온도 센서로 회로를 구성할 수 있다.
- 아날로그 온도를 읽고 변환하여 시리얼 모니터로 출력할 수 있다.
- 온도에 따라 LED를 켜고 끌 수 있다.

사용부품

- 릴리패드 보드
- 프로그래밍 케이블
- 릴리패드 온도 센서(mcp9700)
- 악어클립 3개
- LED 1개

실습내용

- 온도 센서와 릴리패드로 회로를 구성하고 아날로그 입력 핀 A0에 연결하여 온도 값을 읽고 시리얼 모니터에 나타낸다. 측정된 실내의 온도 값은 10비트로 0~1023까지이며 섭씨로 표시하도록 변환 함수를 작성한다. 그리고 if 조건문을 활용하여 온도에 따라 LED가 켜지거나 꺼지도록 만들어 보자.

실습단계

- 단계 1: 온도 센서로 회로를 만든다.
- 단계 2: A2에서 아날로그 값을 읽는 스케치를 작성하고 업로드한다.
- 단계 3: 시리얼 모니터를 열고 실내 온도를 관찰한다.

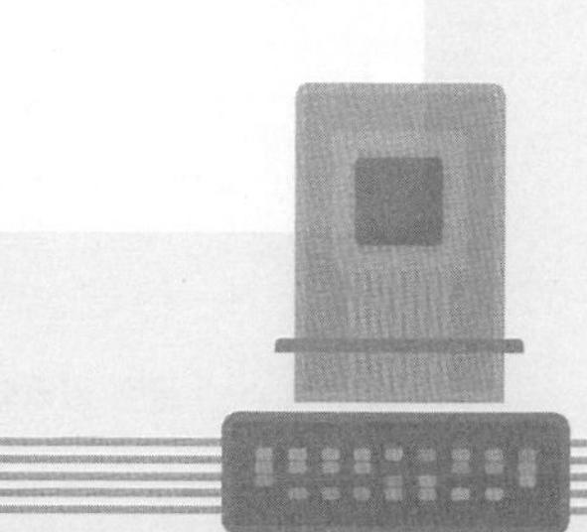

8.1 실내 온도 측정하기

우리가 실습에 사용할 온도 센서 종류는 MCP9700이다. 온도에 비례하여 저항이 바뀌며, 저항 분배 회로에 따라 전압이 출력되어 아날로그 핀으로 값을 읽어 온도를 측정할 수 있다. 온도 센서 내부에 저항이 들어 있어 따로 저항을 사용하지 않고 온도를 측정할 수 있다. 방안의 온도를 측정하기 위해 릴리패드와 온도 센서를 연결하여 테스트한다.

[그림 8-1] 온도 센서

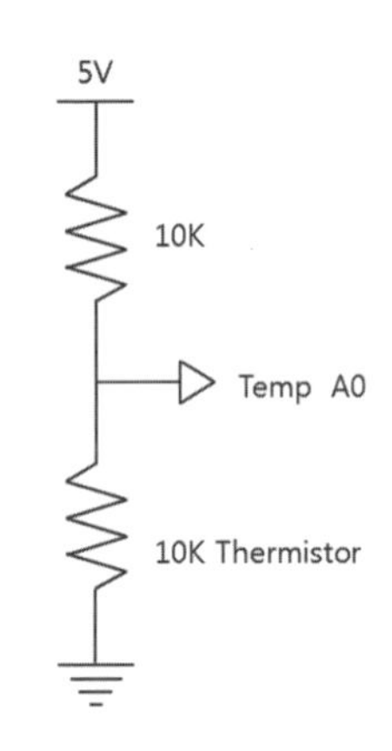

[그림 8-2] 온도 센서 회로도

실습 8-1 아날로그 값으로 온도 읽기

회로 구성하기

온도 센서는 아날로그 값이 출력되므로 데이터 출력 부분을 릴리패드의 아날로그 입력 핀 A2에 연결한다. 온도 센서의 (+)는 릴리패드의 (+)에 연결하고 온도 센서의 (−)는 릴리패드의 (−)에 연결한다. 온도 센서의 (S)는 릴리패드의 (A2)에 연결한다. A2에서 A5까지 아날로그 핀이면 어느 핀이나 가능하다.

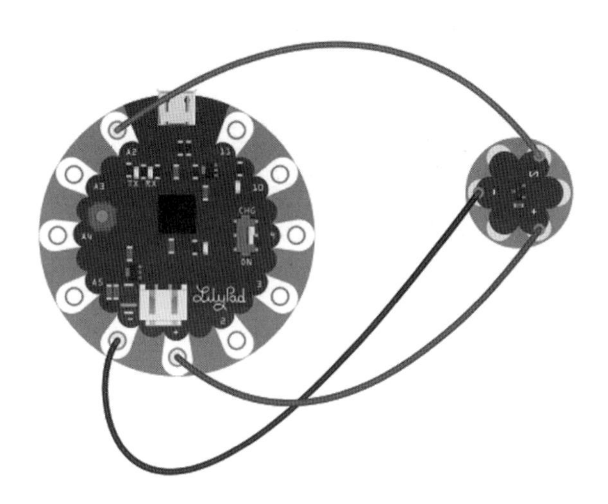

[그림 8-3] 릴리패드에 온도 센서 연결 회로도

회로가 구성되었으면 다음 스케치를 입력하고 스케치를 업로드하자.

```
// jcshim: AnalogRead
void setup() {
  Serial.begin(9600);           // 시리얼 모니터 속도를 9600으로
}
void loop() {
  int sensorValue = analogRead(A2);    // 아날로그 값 읽기
  Serial.println(sensorValue);         // 시리얼 포트로 출력
  delay(200);                          // 0.2초 동안 기다림
}
```

스케치 설명

- `Serial.begin(9600);`은 시리얼 통신 속도를 9600bps로 설정한 것으로 1초에 9600 비트를 전달한다.
- `int sensorValue = analogRead(A2);`는 A2 핀에서 아날로그 데이터를 읽고 sensor-Value에 저장한다.
- `Serial.println(sensorValue);`은 시리얼 모니터에 값을 출력한다는 의미이다. 프로그램 업로드가 완료되면 시리얼 모니터 창을 연다. 아날로그 값이 그대로 나타난다.

[그림 8-4] 시리얼 모니터

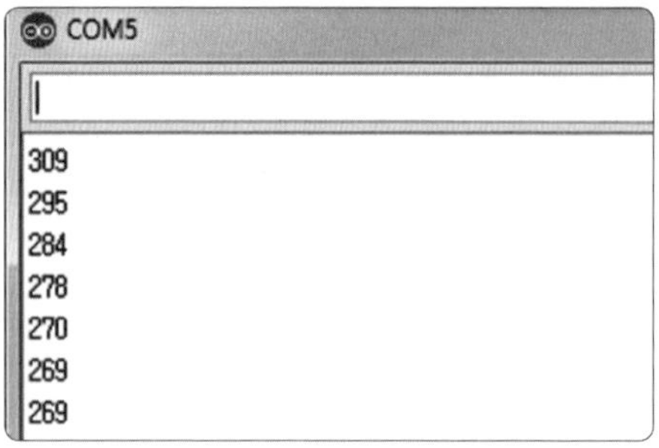

COM5

309
295
284
278
270
269
269

[그림 8-5] 시리얼 모니터에 데이터 출력

그림 8-5처럼 시리얼 모니터에는 아날로그 값이 출력된다. 이 숫자를 온도 계산 함수를 이용하여 섭씨온도로 변환한다. 저항형 온도 센서에서 섭씨온도를 계산하는 함수는 다음과 같다.

```
float temp;
void setup() {
  Serial.begin(9600);
}
void loop () {
  temp = analogRead(A2)*5/1024.0;
  temp = temp - 0.5;
  temp = temp / 0.01;
  temp=(temp-32)/1.8
  Serial.println(temp);
  delay(500);
}
```

8.2 온도에 따라 LED 제어하기

실습 8-2 온도에 따라 LED 제어하기

온도 센서의 값을 읽고 온도에 따라 LED가 제어되도록 실습해 보자. 구성된 시스템에서 온도 센서를 손으로 잡거나 입김으로 온도를 높이면 LED가 켜지고, 손을 치우거나 식으면 LED가 꺼지도록 스케치를 작성하자.

- 단계 1: 온도 센서를 그대로 두었을 때 시리얼 모니터에서 온도 값을 적어 둔다.
- 단계 2: 온도 센서를 손으로 잡았을 때 시리얼 모니터에서 온도 값을 적는다.

LED가 켜지는 조건 값이 얼마인지 계산한다. 가장 간단한 값은 두 값을 더하고 평균값을 구하는 것이다.

(단계 1 + 단계 2)/2

	정상 실내 온도	온도 센서를 쥐었을 때	평균 값
온도			

```
// by kjy analog Read
float temp;
float threshold = 27.0 // 환경에 따라 정해 주어야 함.
void setup() {
  Serial.begin(9600);
  pinMode(13, OUTPUT);
}
void loop () {
  temp = analogRead(0)*5/1024.0;
  temp = temp - 0.5;
  temp = temp / 0.01;
  Serial.println(temp);
  if(temp> threshold)  digitalWrite(13, HIGH);
  else                 digitalWrite(13, LOW);
  delay(100);
}
```

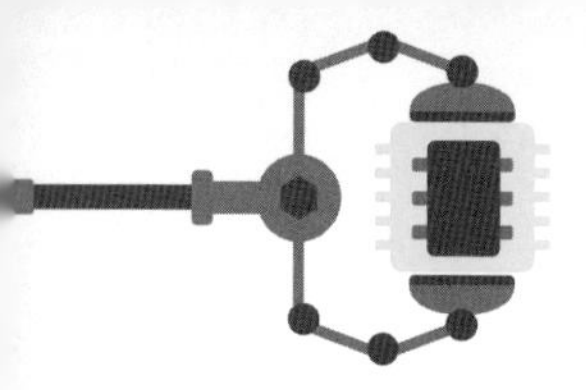

요약

- 온도 센서를 이용하여 실내 온도를 측정할 수 있다.
- 계절이나 방의 위치에 따라 온도 측정 결과가 다르게 나타날 수 있다.
- 온도에 따라 LED를 켜거나 끌 수 있다.

자가평가

번호	질문	O	X	비고
1	여러 가지 부품 중에서 온도 센서를 구별할 수 있다.			
2	analogRead() 함수로 아날로그 입력 값을 읽을 수 있다.			
3	온도 센서의 디지털 값을 섭씨온도로 변환할 수 있다.			
4	온도의 변화에 따라 LED를 켜거나 끌 수 있다.			

연습문제

1. `analogRead(A3)`으로 읽을 때 최댓값과 최솟값은 얼마인가?

2. `int val = analogRead(A3)`은 어떤 의미인가?

3. `pinMode(11, OUTPUT);`은 어떤 의미인가?

4. 온도 값이 27도가 넘으면 13번 LED가 꺼지고 27도보다 낮으면 LED가 켜지는 프로그램을 작성하라.

연습문제 해답

1. 0, 1023 // 설명: 10비트를 활용하므로 최소 0, 최대 1023
2. A3핀으로부터 읽은 아날로그 값은 `int val`에 저장한다.
3. `pinMode(11, OUTPUT);`은 11번 핀을 출력으로 지정하는 의미이다.
4. ```
   if(temp> 27) digitalWrite(13, LOW);
   else digitalWrite(13, HIGH);
   ```
   ```

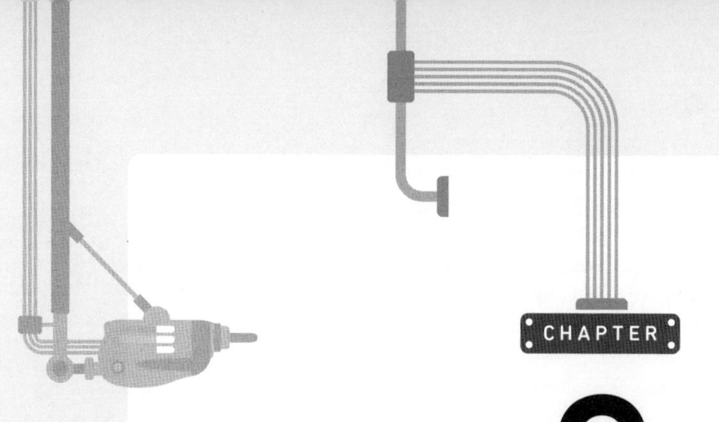

9

조도 읽기

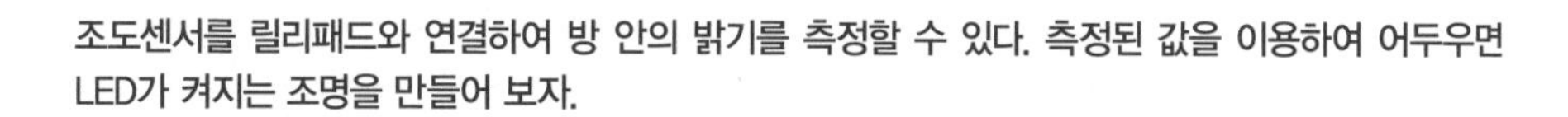

조도센서를 릴리패드와 연결하여 방 안의 밝기를 측정할 수 있다. 측정된 값을 이용하여 어두우면 LED가 켜지는 조명을 만들어 보자.

수업목표

- 조도 센서로 조도 측정 회로를 구성할 수 있다.
- 실내의 빛 밝기 값을 측정하고 시리얼 모니터로 출력할 수 있다.
- 빛에 따라 LED를 켜고 끌 수 있다.

실습내용

- 조도 센서를 이용하여 방 안의 빛의 밝기 값을 측정하고, 시리얼 모니터에 나타낸다. 손컵으로 조도 센서를 가리면서 빛의 밝기를 조절하여 LED가 켜지거나 꺼지도록 시스템을 만들어 보자. 이 실습은 어두워지면 자동으로 켜지는 가로등 제어 시스템과 유사하다.

사용부품

- 릴리패드 보드
- 프로그래밍 케이블
- 릴리패드 조도 센서
- 악어클립 5개
- LED 1개

실습단계

- 단계 1: 조도 센서로 회로를 만든다.
- 단계 2: A2에서 아날로그 값을 읽는 스케치를 작성하고 업로드한다.
- 단계 3: 시리얼 모니터를 열고 빛 센서를 손컵으로 가리면서 값을 관찰한다.

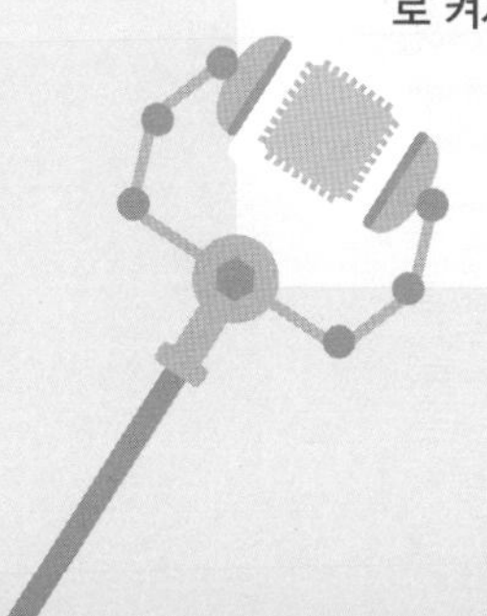

9.1 조도 측정하기

조도 센서는 릴리패드용으로 사용한다. 릴리패드형 조도 센서는 빛의 밝기에 따라 0~5V 범위에서 출력전압을 아날로그 입력 값 0~1023 범위로 읽어서 사용한다.

[그림 9-1] 조도 센서

회로 구성하기

릴리패드와 조도 센서를 연결할 때는 악어클립으로 조도 센서의 (+)를 릴리패드의 (+)에 연결하고 조도 센서의 (–)를 릴리패드의 (–)에 연결한다. 그리고 (S)는 신호를 받는 번호이므로 일반적으로 A0에 연결한다. 그러나 릴리패드 USB보드를 사용할 경우에는 핀 번호 A0가 없으므로 A2, A3 등의 아날로그 핀 번호에 연결한다.

주의할 것은 전도성 실로 연결할 경우 회로의 선이 서로 교차되는 경우가 있다. 선들이 서로 합선되지 않도록 전기가 통하지 않는 천 등을 사용하여 패치를 대도록 하자.

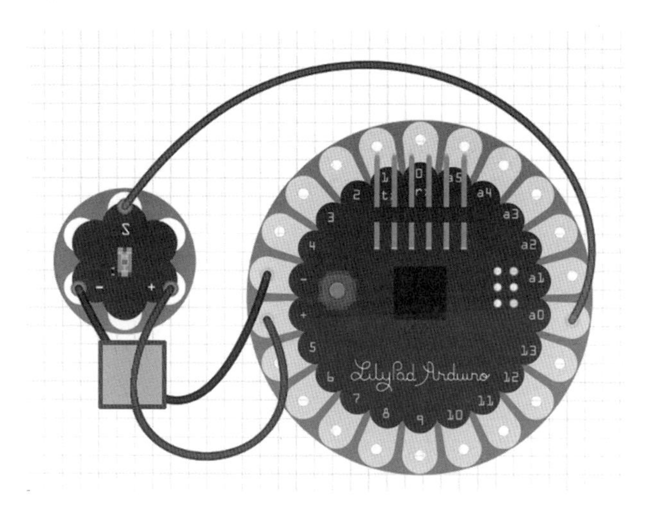

[그림 9-2] 릴리패드에 온도 센서 연결 회로

방 안의 조도 읽기

실습 9-1 아날로그 값으로 조도 읽기

다음 스케치를 하고 실행시켜 보라.

스케치 설명

```
void setup() {
  Serial.begin(9600);                    // 시리얼 모니터 속도를 9600으로
}
void loop() {
  int sensorValue = analogRead(A0);      // 아날로그 값 읽기
  Serial.println(sensorValue);           // 시리얼 포트로 출력
  delay(200);                            // 0.2초 동안 기다림
}
```

시리얼 통신으로 데이터를 읽기 위해서 Serial.begin(9600);에서 통신 속도를 설정한다. 이때 'S'는 대문자이다. 아날로그 값을 읽어서 저장하기 위한 스케치는 다음과 같다.

```
int sensorValue = analogRead(A0);
```

(A0)핀에서 읽은 아날로그 값을 sensorValue에 저장한다는 의미이다. 시리얼 모니터를 열고 조도 값을 확인해 본다.

방 안의 밝기에 따라 조도 값이 변한다. 손을 오무려 컵처럼 만들어 조도 센서 위를 가릴 때와 그렇지 않을 때를 비교하여 보자.

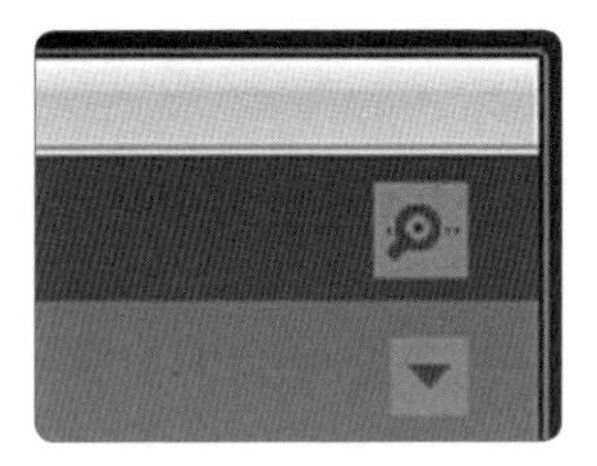

[그림 9-3] 시리얼 모니터

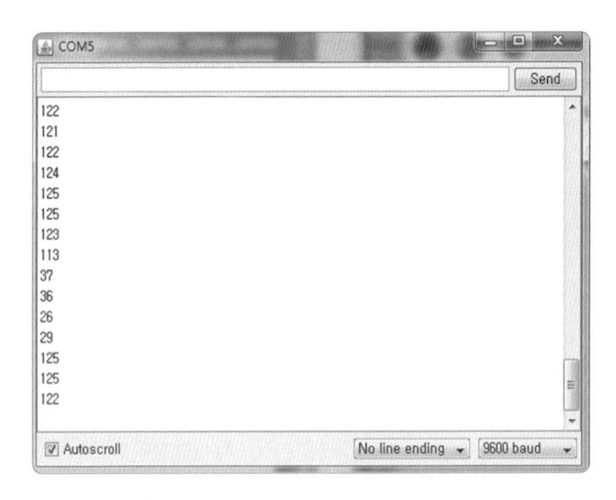

[그림 9-4] 시리얼 모니터에 조도 값 출력

9.2 조도에 따라 LED 제어하기

실습 9-2 조도에 따라 LED 깜박이기

조도 센서를 손 컵으로 가릴 때와 가리지 않을 때 각각의 숫자를 적어둔다. 어두워지면 숫자가 낮아진다. 평균값을 구해서 LED를 제어해 보자.

❶ 회로 만들기

[실습 9-1]과 같이 조도 센서를 연결한 후 LED를 연결한다. LED의 (–)는 릴리패드의 (–)에 연결하고 LED의 (+)는 릴리패드의 (13)번 핀에 연결한다. LED의 (+)는 다른 번호에 연결해도 된다. 릴리패드의 13번 핀은 자체 LED에 연결되어 있으므로 LED를 연결하지 않고 실습해도 된다.

> ⚠ 주의: 전도성 실을 이용할 때는 두 개의 선이 교차되는 부분에 반드시 패치를 붙여야 합선을 방지할 수 있다.

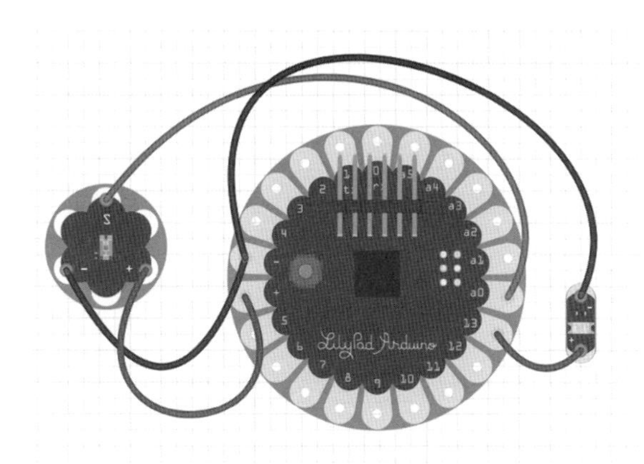

[그림 9-5] 조도 센서를 연결하는 회로도

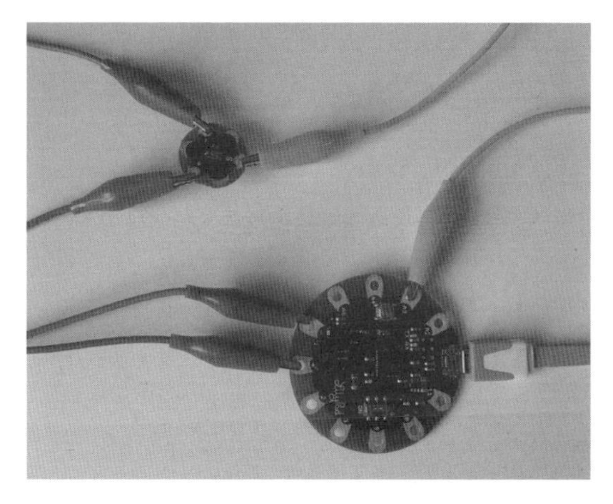

[그림 9-6] 악어클립으로 조도 센서를 연결한 모습

그림 9-6에서는 조도 센서의 (S)가 릴리패드의 (A2)에 연결되어 있으니 본인의 핀 번호와 확인해서 연결한다. 아날로그 입력 핀으로 A0, A2, A3 등 A가 앞에 있는 번호는 모두 사용할 수 있다.

❷ 빛을 감지하는 임계값 계산하기

빛이 어느 정도 밝거나 어두울 때 LED가 켜지거나 꺼지도록 하려면 경계 값을 계산해 주어야 한다.

- 단계 1: 조도 센서를 그대로 두고 시리얼 모니터에 나타나는 값을 적는다.
- 단계 2: 조도 센서를 손으로 가리고 시리얼 모니터에 나타나는 값을 적는다.
- 단계 3: 두 값을 더하고 2로 나눈다.

예

밝을 때 값 450, 어두울 때 값 40이라고 하면 두 수를 더해서 450 + 40 = 490이 된다. 그리고 490/2를 하면 245가 된다. 245를 임계값으로 설정하여 다음 스케치를 작성하였다. 실내와 조명에 따라 빛의 값이 다르게 나오므로 반드시 실험을 하여 임계값을 정하도록 한다.

```
void setup() {
  Serial.begin(9600);                       // 시리얼 통신 속도를 9600으로
  pinMode(10, OUTPUT);
}
void loop() {
  int sensorValue = analogRead(A2);        // 아날로그 값 읽기
  Serial.println(sensorValue);
  if( sensorValue >245)                     // 실험으로 임계값 정한다
                digitalWrite(10, LOW);
  else          digitalWrite(10, HIGH);
}
```

스케치를 완성하고 릴리패드에 다운로드한 다음 실험해 보자. 조도에 따라 LED가 켜지거나 꺼지면 완성이다.

아래 그림은 릴리패드의 (A2)에 조도 센서의 (S)핀이 연결되어 있고 LED의 (+)는 릴리패드의 10번에 연결되어 있다. 본인의 핀 번호와 확인한 다음 스케치를 수정한다.

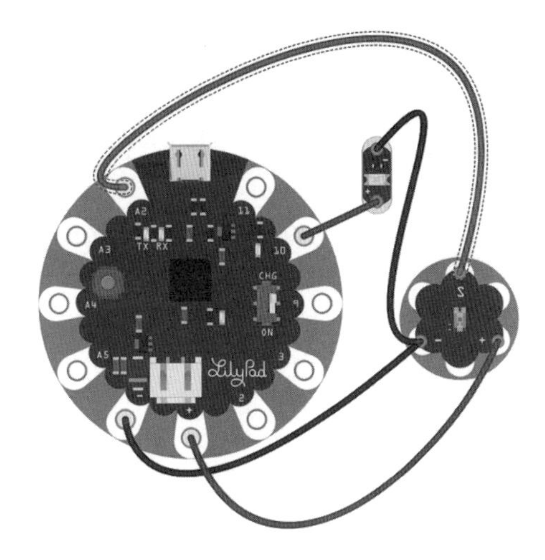

[그림 9-8] 릴리패드와 조도 센서 및 LED 연결회로

실습 9-3 조도 따라 LED 켜지는 지갑 만들기

지갑에 LED를 이용하여 지갑을 닫으면 LED가 켜지도록 만들어 보자. 지갑의 어느 곳에 릴리패드와 LED를 붙일 것인지 정하고 회로도를 그려본다. 전원장치의 위치도 정한다. 바느질을 이용하여 지갑을 완성해 보자.

[그림 9-9] 지갑에 조도 센서와 LED 릴리패드 그리고 전원장치를 연결한 모습

[그림 9-10] 지갑을 닫으면 LED가 켜지는 모습

9.3 조도에 따라 연주하기

실습 9-4 조도에 따라 음악 나오기

빛의 밝기에 따라 음악이 나오도록 만들어 보자. 어두워지면 경고음을 울리도록 만든다. 먼저 회로를 구성한다.

준비물

- 릴리패드
- 프로그래밍 케이블
- 릴리패드 조도 센서
- 부저
- 악어클립 6개

실습단계

- 단계 1: 조도 센서와 부저를 연결하는 회로를 만든다.
- 단계 2: 아날로그 값을 A2 핀에서 읽는 스케치를 작성하고 업로드한다.
- 단계 3: [시리얼 모니터]를 열고 빛 센서를 손으로 가리면서 값을 관찰한다.
- 단계 4: 빛에 따라 음악이 나오도록 만든다.

(음악은 “반짝반짝 작은별: 도도솔솔랄라솔”)

회로의 구성

- 부저의 (+)는 릴리패드의 9번에 연결한다.
- 부저의 (−)는 릴리패드의 (−)에 연결한다.
- 조도 센서의 (+)는 릴리패드의 (+)에 연결한다.

조도 센서의 (−)는 릴리패드의 (−)에 연결한다. 가까운 거리에 전원장치의 (−)에 연결해도 된다. 조도 센서의 (S)는 릴리패드의 (A2)에 연결한다. 보드에 따라 (A0)에 연결해도 된다.

⚠ 주의: 선이 교차하는 곳은 전도성 실을 사용할 때 반드시 패치를 붙여서 합선이 되지 않게 한다.

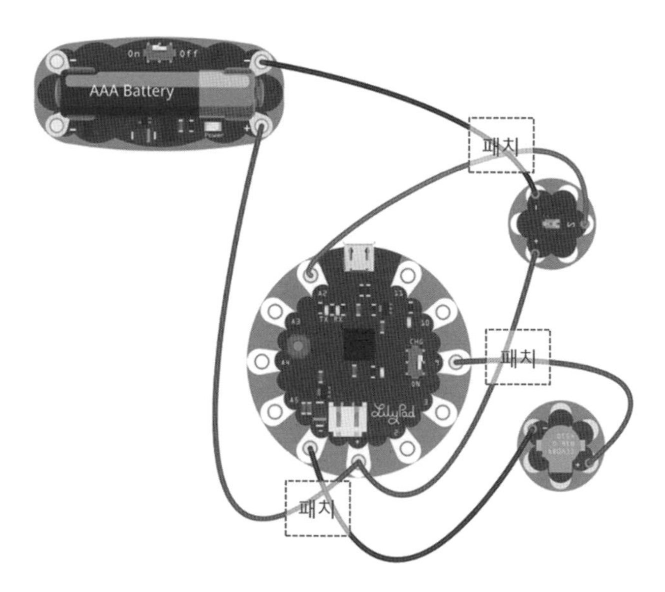

[그림 9-11] 조도 센서와 부저 연결 회로

다음 스케치를 입력하고 다운로드하여 실행시켜보자.

```
const int CdsPin = A2;   // 조도 센서 연결핀
const int piezoPin = 9;  // 부저 연결 핀
int CdsValue = 0;        // 조도 값 설정
int melody[]={523, 523, 784, 784, 880, 880, 784};  // 주파수
int noteDurations[] ={4, 4, 4, 4, 4, 4, 2};        // 음길이
int i;
void setup() {
  Serial.begin(9600);
  pinMode(piezoPin, OUTPUT);
}
void loop() {
  CdsValue = analogRead(CdsPin);
  Serial.print("Cds Sensor Value: ");
  Serial.println(CdsValue);
  if(CdsValue>=245) {
    for (i=0; i<7; i++){
      int noteDuration = 1000/noteDurations[i];
      tone(piezoPin, melody[i], noteDuration);
      int pauseBetween = noteDuration * 1.30;
      delay(pauseBetween);
      noTone(piezoPin);
    }
  }
  else {
      noTone(piezoPin);
  }
}
```

요약

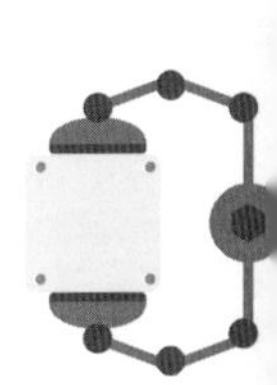

- 조도 센서로 실내 빛 밝기를 측정할 수 있다.
- 조도 센서를 손으로 가리면 데이터 값이 다르게 나타난다.
- 빛의 밝기에 따라 릴리패드의 LED를 켜거나 끌 수 있다.
- 전도성 실이 교차되는 부분은 패치를 붙여서 합선을 방지한다.
- LED의 (–)는 전원의 (–)에 연결한다.

자가평가

번호	질문	O	X
1	부품 중에서 조도 센서를 구별할 수 있다.		
2	analogRead() 함수로 아날로그 입력 값을 시리얼 모니터에 출력할 수 있다.		
3	조도 센서로 방 안의 빛의 밝기 값을 시리얼 모니터에 나타낼 수 있다.		
4	조도의 변화에 따라 LED를 켜거나 끌 수 있다.		
5	조도의 변화에 따라 부저로 소리를 낼 수 있다.		

연습문제

1. `Serial.begin(9600)`은 어떤 의미인가?

2. 다음 스케치는 어떤 의미인가?

```
int val = analogRead(A3)
Serial.print(val)
```

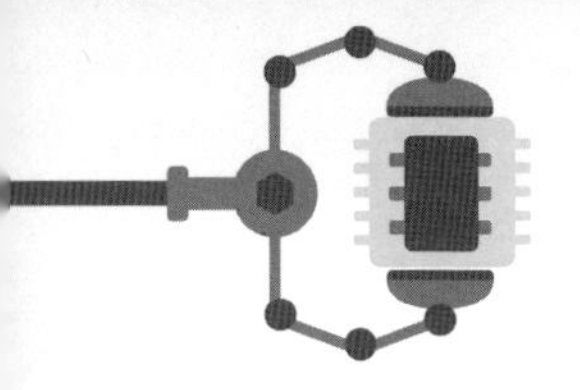

3. `pinMode(11, OUTPUT);`은 어떤 의미인가?

4. 일정 조도 값이 넘으면 13번 LED가 꺼지고, 그렇지 않으면 LED가 켜지는 프로그램을 스케치하라.

연습문제 해답

1. 컴퓨터와 릴리패드의 통신 속도를 9600bps로 지정한다.
2. A3핀으로부터 읽은 아날로그 값을 시리얼 모니터에 출력한다는 의미이다.
3. `pinMode(11, OUTPUT);`은 11번 핀을 출력으로 지정하는 의미이다.
4.
```
if(temp> 200)       digitalWrite(13, LOW);
else                digitalWrite(13, HIGH);
```

CHAPTER

10

가속도 센서 사용하기

가속도 센서는 움직임에 따라 각 축의 값의 변화를 감지하여 시리얼 모니터에 출력해준다. 릴리패드와 회로를 구성하여 움직임에 따라 LED를 켜거나 꺼지게 만들어 보자.

수업목표

- 가속도 센서의 회로를 구성할 수 있다.
- 가속도 센서의 값을 읽고 시리얼 모니터에 출력할 수 있다.
- 가속도 센서의 축의 변화에 따라 LED를 켜고 끌 수 있다.

실습내용

- 가속도 센서의 움직임에 따른 값의 변화를 읽어 시리얼 모니터에 나타낸다. 움직임의 정도에 따라 LED를 켜거나 꺼지도록 한다.

사용부품

- 릴리패드 보드
- 가속도 센서
- 악어클립
- 프로그래밍 케이블
- LED

실습단계

- 단계 1: 릴리패드에 가속도 센서를 연결하는 회로를 만든다.
- 단계 2: A3에서 아날로그 값을 읽는 스케치를 작성하여 업로드한다.
- 단계 3: 가속도 센서의 움직임에 따라 시리얼 모니터에서 값을 관찰한다.
- 단계 4: 가속도 센서의 움직임에 따라 LED를 켜고 끈다.

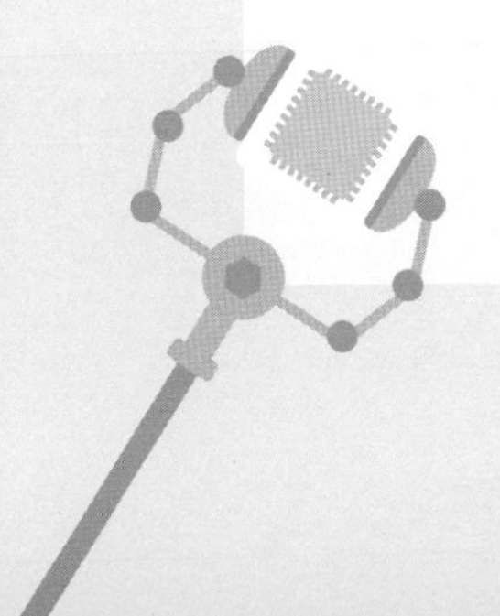

10.1 가속도 센서 소개

가속도 센서(Accelerometer Sensor)는 움직임이나 이동, 기울기 등을 감지할 수 있는 센서이다. 가속도 센서를 사용하면 사람이나 장치의 움직임을 감지하여 LED를 제어하거나 소리가 나게 할 수 있다. 릴리패드와 함께 사용할 수 있는 가속도 센서는 ADXL335이며 그림 10-1과 같다.

[그림 10-1] 가속도 센서

ADXL335는 3개의 축, X, Y, Z에서 아날로그 신호를 출력한다. 각 축마다 출력 값을 얻을 수 있다. 아두이노 프로그램의 시리얼 통신을 이용하여 값을 읽을 수 있다.

회로 연결하기

회로는 그림 10-2와 같이 구성한다. 가속도 센서의 (+)는 릴리패드의 (+)에 연결하고, 가속도 센서의 (–)는 릴리패드의 (–)에 연결한다. 그리고 각 축은 릴리패드의 아날로그 핀에 각각 연결한다. 이번 회로는 Z축만 연결한 그림이다. 각각 다른 축은 A2, A4에 연결하면 된다.

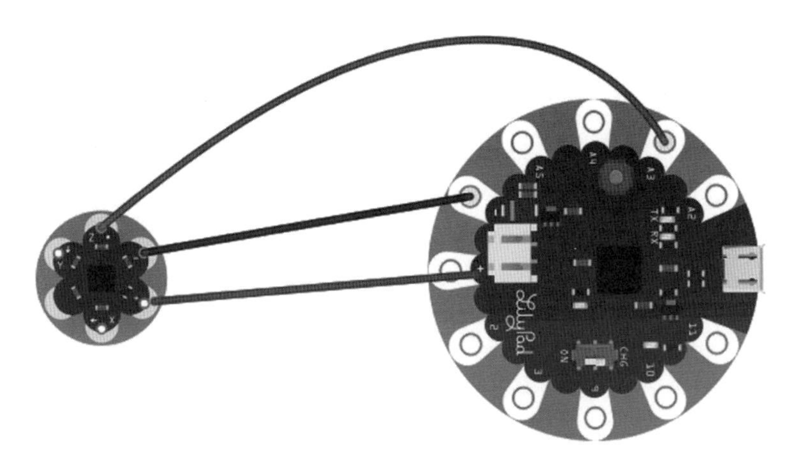

[그림 10-2]　가속도 센서 Z 축 연결 회로

프로그래밍하기

가속도 센서에서 Z축의 움직임에 따라 값을 받아보자.

```
int z;                        // Z축의 값을 저장하기 위해 정수형 변수 선언
void setup() {
  Serial.begin(9600);         // 시리얼 전송 속도 9600bps로 설정
}
void loop() {
  z = analogRead(3);          // A3핀으로 입력되는 아날로그 값을 읽음
  Serial.print("Z: ");        // 가속도 Z를 시리얼 모니터에 표시
  Serial.print(z, DEC);       // Z축의 가속도 값을 10진으로 표시
  delay(100);                 // 0.1초를 기다림
}
```

시리얼 모니터를 열고 값의 변화를 살펴보자.

```
int z;                          // Z축의 값을 저장하기 위해 정수형 변수 선언
void setup() {
  Serial.begin(9600);           // 시리얼 전송 속도 9600bps로 설정
  pinMode(3, OUTPUT);           // 3번 핀에 LED 연결, 출력으로 설정
}
void loop() {
  z = analogRead(3);            // A3핀으로 입력되는 아날로그 값을 읽음
  Serial.print("Z: ");          // 가속도 Z축 값을 시리얼 모니터에 표시
  Serial.println(z);
  if(z>450){ //z축의 변화에 따라
    digitalWrite(3, HIGH);      // 3번 LED 켬
  }
  else{
    digitalWrite(3, LOW);       // 3번 LED 끔
  }
  delay(100);
}
```

z축 값의 변화는 직접 움직임에 변화를 주면서 시리얼 모니터에서 살펴본다. 방향에 따라 값이 달라질 수 있다.

다음 그림은 실제 천에 가속도 센서를 봉제한 모습이다. 각 축의 변화를 잘 관찰하여 이용하면 스마트 의류를 착용한 사람의 움직임에 따라 다양한 효과를 연출할 수 있다.

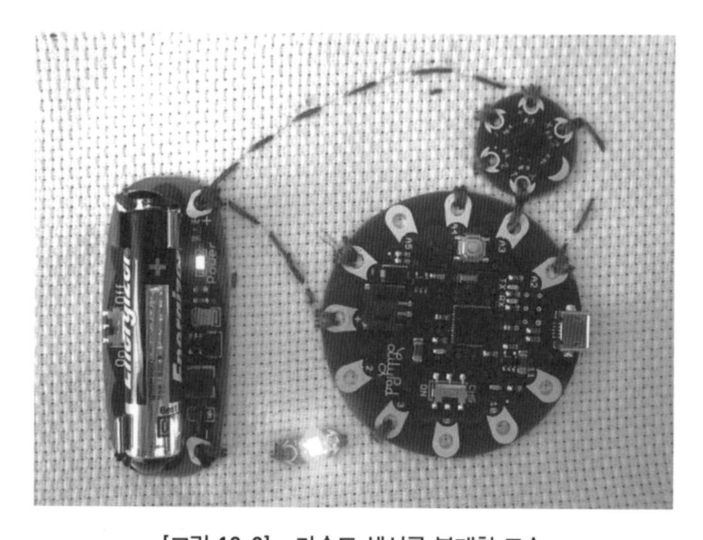

[그림 10-3] 가속도 센서를 봉제한 모습

10.2 〉 가속도 센서 응용 시스템

가속도 센서 응용

그림 10-4는 가속도 센서를 응용한 작품이다. 모자의 앞 중앙에 가속도 센서를 부착하고 모자 양쪽에 LED를 연결하였다. 모자를 쓴 사람이 움직이지 않으면 왼쪽 LED(그림의 오른쪽)가 켜지고, 머리를 움직이면 양쪽 LED가 켜지도록 한 작품이다.

[그림 10-4] 움직이지 않을 때

[그림 10-5] 움직일 때

다음 그림은 모자의 중앙에 릴리패드를 연결한 그림이다. 릴리패드와 센서는 전도성 실로 연결되어 있다. 연결하는 실이 전도성 실이므로 서로 교차되지 않도록 설계하는 것이 중요하다. 그러므로 반드시 모자에 릴리패드를 직접 바느질하기 전에 연결되는 모습을 그림으로 그려서 선의 위치를 확인한 다음 실제 바느질해야 한다.

[그림 10-6] 전도성 실을 연결한 모습

이 작품에서는 모자 뒤쪽에 전원장치를 연결하였다. 모자는 머리에 쓰므로 전원장치를 편리하게 사용하려고 뒷면 바깥쪽으로 연결하였으나 좀 더 작은 전원장치를 사용하거나 모자 옆이나 안쪽으로 보이지 않게 연결하면 미적인 부분을 고려하여 더 세련되게 만들 수 있다. 독자들의 도전을 기대해 본다.

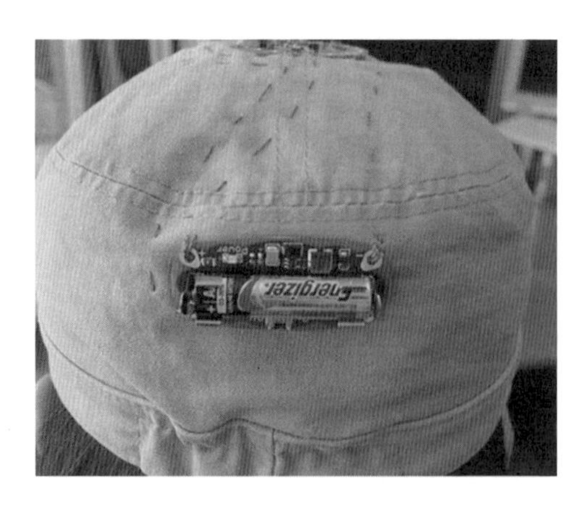

[그림 10-7] 전원 연결 부분

다음 그림은 가속도 센서 모자를 만든 회로도이다. 전도성 실이 교차되는 부분은 서로 합선되지 않게 패치를 한다.

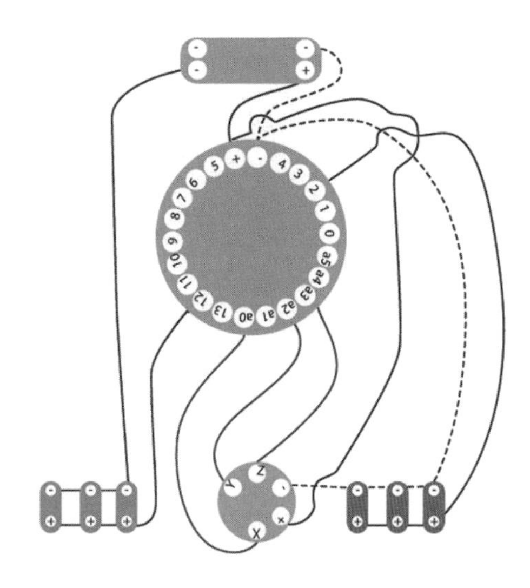

스케치 설명

네이버 카페에서 스케치를 참고하자.

http://cafe.naver.com/lilypad/42

```
// 높이 뛰면 LED가 켜지는 스케치
// x축에 대해서 계산 프로그램
// 가속도 센서
int x, y, z;                // 정수형 변수 3개를 준비
void setup() {
  pinMode(2, OUTPUT);
  pinMode(3, OUTPUT);
  Serial.begin(9600);       // 직렬포트를 9600 bps로 설정
}
int ax[5], aax[5], i=0, j, xsum, diff,k, fall;
void blink(){
  int k;
  for(k=0;k<3;k++){
    digitalWrite(2, HIGH);
    digitalWrite(3, HIGH);
    delay(50);
    digitalWrite(2, LOW);
    digitalWrite(3, LOW);
    delay(50);
  }
}
```

```
#define SIZE 3
void loop() {                  // 아두이노 주함수의 시작
  x = analogRead(4);           // A0 핀의 값을 아날로그로 읽는다
  y = analogRead(3);           // A1 핀의 값을 아날로그로 읽는다
  z = analogRead(2);           // A2 핀의 값을 아날로그로 읽는다
  ax[i]=x;
  xsum=0;
  for(j=0;j<SIZE;j++){
    xsum+=ax[j];
  }
  xsum /= SIZE;
  aax[i]=xsum;
  switch(i){
  case 0:
    diff = abs(aax[1]-aax[0]);
    break;
  case 1:
    diff = abs(aax[2]-aax[1]);
    break;
  case 2:
    diff = abs(aax[0]-aax[2]);
    break;
  }
  Serial.println(diff);
  i++;
  if(i>=SIZE) {
    i=0;
  }
  if(diff>=20) fall=1;
  else fall=0;
  if(fall==1) blink();
  else delay(150);
}
```

요약

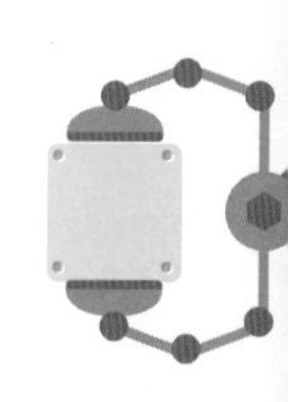

- 가속도 센서는 센서의 움직임을 감지하는 센서이다.
- 가속도 센서는 3개의 축이 있어서 각기 다른 값을 출력한다.
- 가속도 센서의 X, Y, Z는 릴리패드의 각 핀에 연결한다.
- 가속도 센서로 측정된 데이터는 아날로그 값으로 읽는다.

자가평가

번호	질문	O	X
1	가속도 센서 회로를 구성할 수 있다.		
2	가속도 센서의 X, Y, Z축 데이터를 읽을 수 있다.		
3	가속도 센서를 이용하여 움직임에 따라 LED를 켜거나 끌 수 있다.		

연습문제

1. 릴리패드의 A0 핀에 가속도 센서 X축이 연결되었을 때 가속도 센서 X축의 값을 저장하는 스케치를 작성하라.

2. 가속도 센서의 (–)는 반드시 릴리패드의 (–)에 연결해야 하는가?

3. 가속도 센서는 반드시 모든 핀을 연결해야 하는가?

4. `Serial.print(z, DEC);`는 어떤 의미인가?

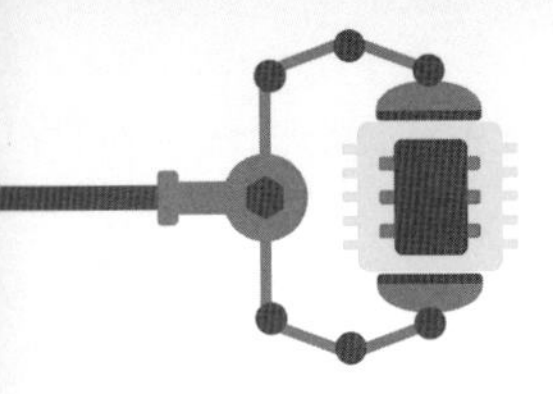

연습문제 해답

1. `int Xval=analogRead(A0);`
2. 아니오. 전도성 실의 위치에 따라 전원장치의 (–)에 연결해도 된다.
3. 아니오. 필요한 축만 연결해도 된다.
4. Z축의 가속도 값을 10진수로 표시

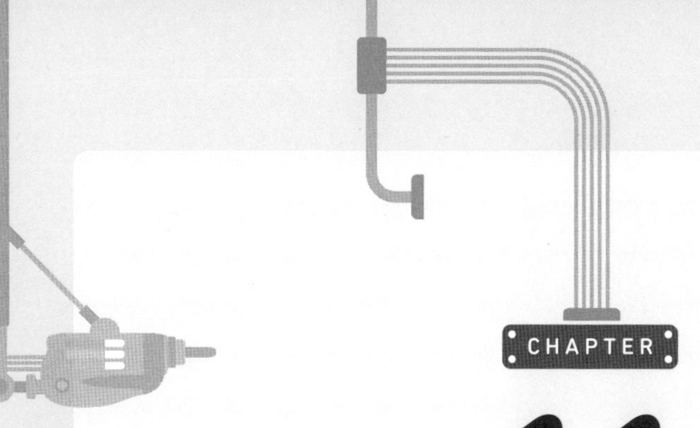

CHAPTER

11

릴리패드가 컴퓨터에게 대화하기

릴리패드와 컴퓨터는 시리얼 통신 케이블을 이용하여 대화할 수 있다. 시리얼 통신을 이용하여 릴리패드에서 컴퓨터로 데이터를 보낼 수 있고 컴퓨터에서 릴리패드로 데이터를 보내어 작동시킬 수도 있다. 이 장에서 릴리패드가 컴퓨터에게 대화하도록 만들어 보자.

수업목표

- 컴퓨터와 릴리패드 간에 시리얼 통신의 원리를 설명할 수 있다.
- 시리얼 모니터에 "OK"를 연속으로 출력시킬 수 있다.
- 릴리패드에서 시리얼 통신으로 숫자를 연속으로 출력할 수 있다.

실습내용

- 릴리패드는 문자, 숫자, 계산식 등을 표현할 수 있으며 시리얼 통신을 통해 컴퓨터에 나타낼 수 있다.

사용부품

- 릴리패드 보드
- 프로그래밍 케이블

실습단계

- 단계 1: 컴퓨터와 릴리패드를 케이블로 연결한다.
- 단계 2: 릴리패드에서 시리얼 통신으로 데이터를 전송한다.
- 단계 3: 시리얼 통신으로 전달받은 데이터를 시리얼 모니터에 출력한다.

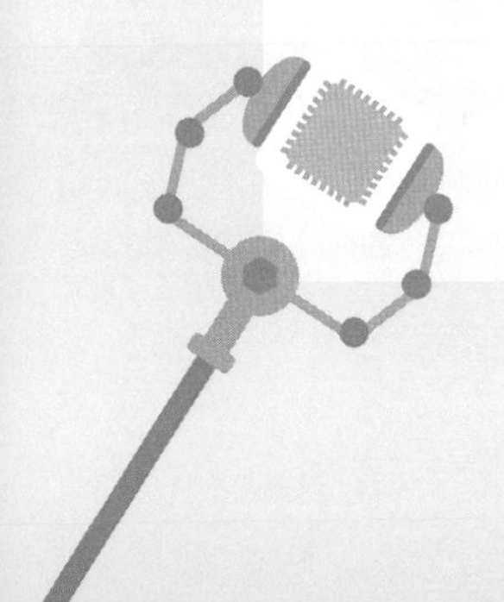

릴리패드와 컴퓨터를 USB 케이블로 연결하면 대화를 할 수 있다. USB로 연결하지만 내부에서는 COM 포트를 이용하는데, 이것을 시리얼 통신이라고 한다. 릴리패드에서 컴퓨터로 문자나 숫자를 보낼 수 있고 계산식을 만들어 계산한 결과도 보낼 수 있다.

11.1 시리얼 통신 소개

릴리패드와 컴퓨터가 대화하려면 우선 양쪽의 통신 속도를 맞추어야 한다. 예를 들어 1초당 9600비트로 데이터를 주고받으려면 9600bps(bit per second)로 설정한다. 그리고 Serial.print() 명령어를 활용한다.

사용부품

- 릴리패드 보드
- 프로그래밍 USB 케이블
- 아두이노 IDE

릴리패드 연결하기

USB 케이블을 이용하여 릴리패드와 컴퓨터를 연결해 준다. USB 케이블 종류는 스마트폰 충전할 때 사용하는 것과 동일한 마이크로 USB이다.

[그림 11-1] 릴리패드에 USB를 연결한 모습

11.2 릴리패드와 컴퓨터 간 대화

실습 11-1 릴리패드가 "OK" 메시지를 컴퓨터로 한 번 보내기

⚠ 주의: 이 예제는 릴리패드 USB나 아두이노 프로그램 버전이 1.5 이하일 경우 실행되지 않을 수 있으니 주의하자.

아두이노 프로그램을 열고 다음 코드를 입력하자.

```
void setup(){                 // 한 번 실행
  Serial.begin(9600);         // 통신 속도 설정
  Serial.print("OK");         // 시리얼 모니터에 보내는 내용
}
void loop(){                  // 여러 번 실행
}
```

- setup() 함수 블록에 적는 명령은 한 번만 실행된다.
- Serial.begin(9600)에서 S는 대문자이며 점(.)은 쉼표(,)가 아니다.
- Serial.print("OK")는 시리얼 모니터에 OK를 출력한다.
- loop()함수 블록은 계속 반복 수행되는 부분이다.
- 스케치가 완료되면 반드시 [도구] 메뉴에서 [보드]와 [시리얼 포트] 번호가 정확한지 확인한다.
- 스케치가 완료되면 컴파일 버튼 ✓을 클릭한다.
- 메뉴에서 업로드 버튼 →을 클릭하면 프로그램이 릴리패드로 저장된다.
- 업로드가 완료되면 메시지 칸에 "업로드 완료" 메시지가 출력된다.
- 메뉴 오른쪽에 있는 시리얼 모니터 버튼을 열어본다.
- 아래와 같은 결과가 나타나면 성공이다.
- 테스트가 완료되었으면 메뉴에서 [파일] > [다른 이름으로 저장]을 선택하여 스케치 이름을 "OK"로 저장하자.

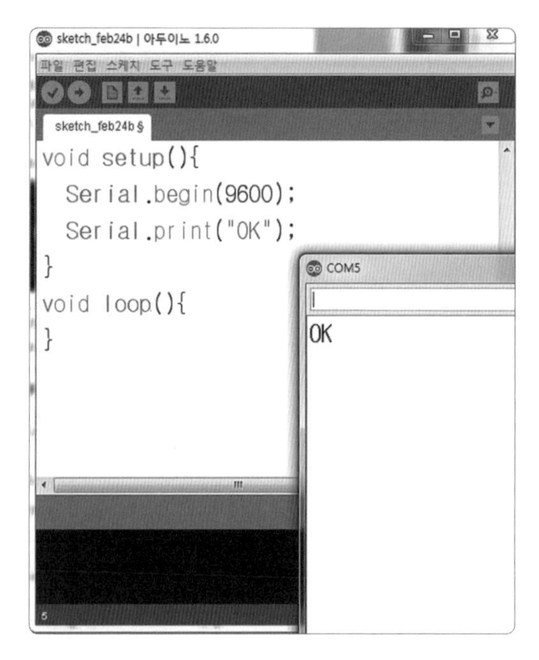

[그림 11-2]　OK가 한 번 출력된 모습

실습 11-2　릴리패드가 컴퓨터로 "OK"를 여러 번 보내기

릴리패드에 "OK"를 보내어 시리얼 모니터에서 확인하였으면 시리얼 통신이 실행된 것이다. 이번 실습에서는 시리얼 통신으로 "OK" 메시지를 반복하여 보내보자. [실습 11-1]의 스케치를 고쳐서 실행시켜 보자.

```
void setup(){
  Serial.begin(9600);
}
void loop(){
  Serial.print("OK");
  delay(1000);
}
```

이 스케치에서는 다음 명령어들을 `loop()`에 입력하였다.

```
Serial.print("OK");
delay(1000);
```

명령은 시리얼 모니터로 전송할 때 1초간 간격을 준다는 의미이다. 1000은 1000 msec이므로 0.5초 간격으로 표시하려면 500을 입력하면 된다. 아래 그림과 같은 결과가 나타난다.

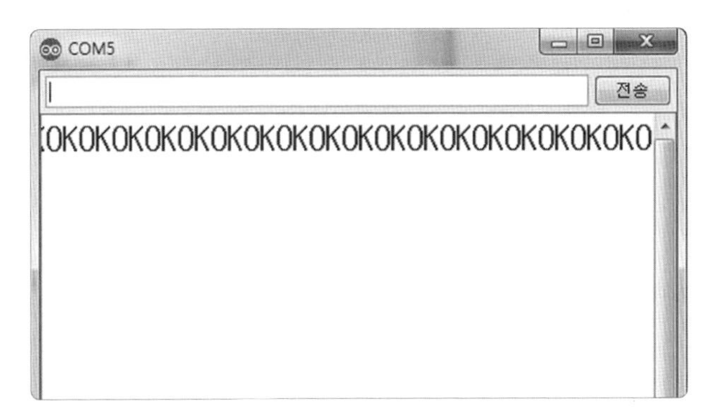

[그림 11-3] OK가 연속으로 출력된 모습

`"OK"`가 연속으로 출력되므로 보기에 편리하게 다음 줄에 표시하려면 `Serial.print("OK");` 대신에 `Serial.println("OK");`를 입력한다. 그러면 다음 그림과 같은 결과가 나타난다.

```
void setup(){
  Serial.begin(9600);
}
void loop(){
  Serial.println("OK");  // 다음 줄에 표시하기
  delay(1000);
}
```

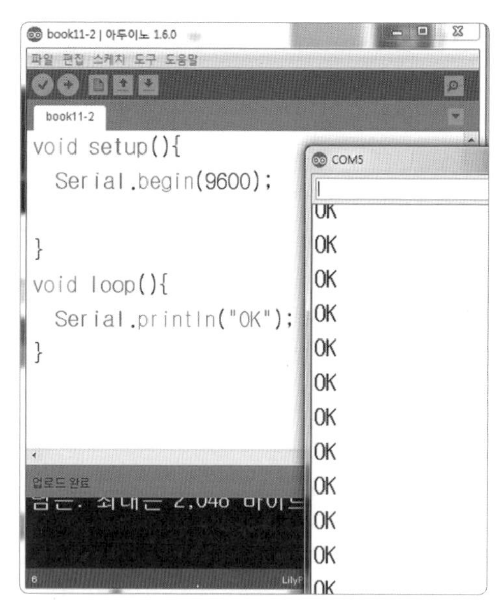

[그림 11-4] OK가 줄을 바꾸어 나타난 모습

실습 11-3 시리얼 모니터에 숫자를 보내고 숫자를 증가시키기

릴리패드가 1초마다 숫자를 하나씩 증가시키고 이 값을 컴퓨터로 보내는 스케치를 작성해보자. 릴리패드가 컴퓨터에 숫자를 보내는 방법은 문자를 보내는 방법 [실습 11-1]과 [실습 11-2]와 동일하다. 먼저 숫자를 증가시키는 스케치를 살펴보자.

```
void setup(){
  Serial.begin(9600);       // 통신 속도 9600
}
int cnt=0;                  // 숫자를 저장하는 방
void loop(){
  Serial.println(cnt);      // 숫자를 표시
  cnt++;                    // 숫자를 1씩 증가
  delay(1000);              // 1초를 대기
}
```

숫자를 증가시키는 스케치를 만들려면 숫자를 저장하는 방이 필요하다. 이 스케치에서는 int cnt = 0;이라는 방을 메모리에 만들었다. 방의 데이터 종류는 int(정수형) 방

이고 방의 이름은 cnt이다.

cnt 안에는 최초로 0이 저장되어 있는 상태이다. 이렇게 임시로 저장하는 방을 변수(Variable)라고 한다. 변수 이름은 예약 변수명을 제외하고는 마음대로 만들어서 사용할 수 있다.

변수는 데이터를 저장하는 장소이다.
변수 상자의 이름은 'cnt'이고
그 안에 데이터 0이 들어간다.

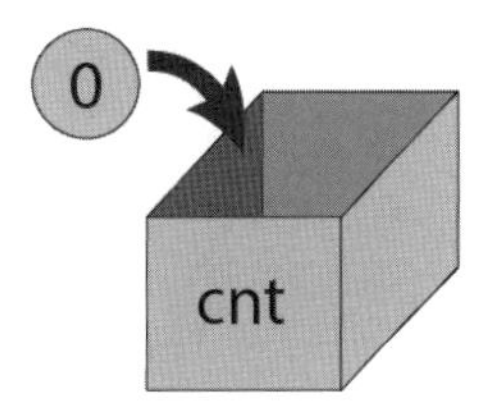

c++;는 숫자를 1씩 증가시키라는 의미이다. 2씩 증가시키려면 "c+=2;"를 입력하면 된다.

실습 11-4 숫자를 1부터 5까지만 증가시키기

릴리패드에서 시리얼 모니터로 숫자를 증가시키는 실습을 [실습 11-3]에서 했다. 이번에는 1부터 5까지만 증가시키는 스케치를 작성해보자. 숫자를 반복해서 출력해야 하므로 loop() 함수에 스케치를 입력한다.

```
void setup(){
  Serial.begin(9600);       // 통신 속도 9600
}
int cnt=0;                  // 숫자를 저장하는 방
void loop(){
  Serial.println(cnt);      // 숫자를 표시
  delay(1000);              // 1초를 대기
  cnt++;
  if(cnt>5) cnt=0;          // cnt가 10보다 크면 cnt는 0이 됨
}
```

❶ 스케치를 입력한다.

❷ 컴파일 후 릴리패드에 업로드한다.

❸ 시리얼 모니터를 열어서 출력을 확인한다.

[그림 11-5] 시리얼 모니터에 숫자 출력하기

❹ if 조건문 사용하기

명령어 `if(cnt>5) cnt=0;`을 if 조건문이라고 한다. 그 의미는 "만약 cnt가 5보다 크면 cnt는 0으로 하라"는 뜻이다. 즉 cnt가 5보다 크면 다시 처음부터 값을 출력한다는 의미이다.

프로그래밍할 때 `if()` 문은 자주 사용된다. 특정한 조건을 주고 명령할 때 사용되는데, 예를 들면 "사람이 오면 문을 열어라"와 같은 내용으로 이해할 수 있다.

```
//사람이 오면 문을 열어라 스케치
if (사람이 오면) {
    문을 열어라;
}
```

❺ for 조건문 사용하기

`if()` 함수를 사용할 때 명령어가 한 줄이면 { }(중괄호)를 생략할 수 있다. 명령이 여러 줄이면 반드시 { }를 사용해야 한다. 같은 프로그램을 다른 방법으로 만들 수도 있다. 이 스케치에서는 `if()` 조건문 대신에 `for()` 문을 사용할 수도 있다.

```
int cnt=0;                          // 숫자를 저장하는 방
void loop(){
  for(cnt=0; cnt<=5; cnt++) {     // 0부터 5까지 반복
    Serial.println(cnt);           // 숫자를 표시
    delay(1000);                   // 1초를 대기
  }
}
```

for( ) 조건문은 명령을 실행하는 범위를 지정해 준다.

```
for(시작값, 범위, 증가분) {
  명령어
}
```

실습 11-5 계산 문제 풀어보기

릴리패드는 옷에 부착할 목적이다. 그 크기만 작을 뿐 컴퓨터 성능은 결코 뒤지지 않는다. 릴리패드로 계산문제도 풀 수 있다. 더하기(+), 빼기(−), 곱하기(×), 나누기(÷) 등 산술 연산자뿐 아니라 논리 연산도 가능하다. 이 실습에서는 "2 + 3 = 5"를 계산해 보자.

```
void setup(){
  Serial.begin(9600);               // 통신 속도 9600
  int a=2;                          // a에 2를 저장
  int b=3;                          // b에 3을 저장
  int c = a+b;                      // c에 a+b를 저장
  Serial.print("a + b = ");
  Serial.println(c);                // c를 출력
}
void loop(){
}
```

이 스케치에서는 3개의 변수 방이 필요하므로 변수를 3개 만든다. 그리고 출력은 "a + b ="를 표시하고 변수 c에 저장된 값을 출력한다. int a=2;는 a 변수에 2를 저장한다는 의미이다.

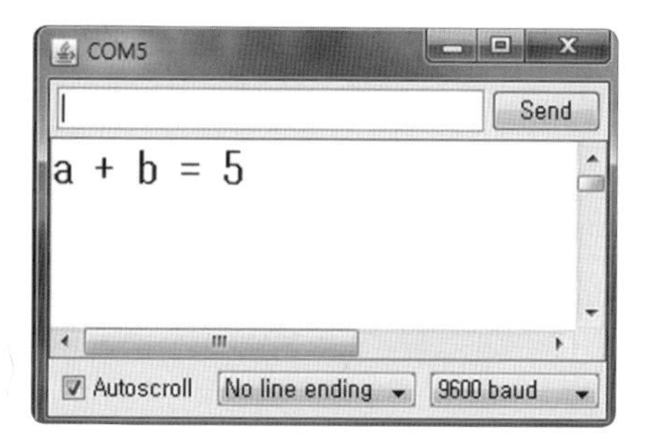

[그림 11-6] 시리얼 모니터에 계산 값 출력

⚠ 주의: 이 예제는 릴리패드 USB에서는 실행되지 않을 수 있다. 그러면 다음과 같이 스케치를 수정한다. 시리얼 모니터에서 확인하면 2 + 3 = 5가 1초마다 나타난다.

```
int a = 2;              // a에 2를 저장
int b = 3;              // b에 3을 저장
void setup() {
  Serial.begin(9600);   // 통신 속도 9600
}
void loop() {
  Serial.print("a + b = ");
  Serial.println(a+b);
  delay(1000);
}
```

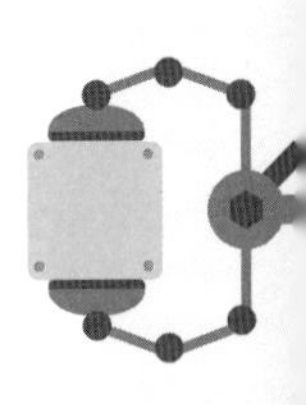

요약

- 시리얼 통신은 릴리패드와 컴퓨터가 시리얼 케이블로 통신하는 것이다.

- `Seiral.print("OK")`는 시리얼 모니터에 "OK"를 출력한다는 의미이다.

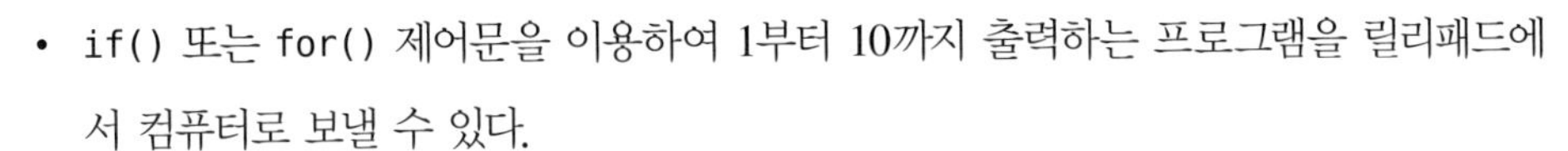

- `if()` 또는 `for()` 제어문을 이용하여 1부터 10까지 출력하는 프로그램을 릴리패드에서 컴퓨터로 보낼 수 있다.
- 릴리패드에서 수학 계산을 할 수 있다.

자가평가

번호	질문	O	X
1	릴리패드와 컴퓨터를 시리얼로 통신할 수 있다.		
2	시리얼 통신으로 "Hello"를 시리얼 모니터에 출력할 수 있다.		
3	릴리패드에서 컴퓨터로 수학 계산 프로그램을 만들 수 있다.		
4	컴퓨터와 릴리패드의 통신 속도를 동일하게 지정할 수 있다.		

연습문제

1. 릴리패드에서 시리얼 모니터에 "OK"를 반복해서 출력하려면 `loop()`와 `setup()`함수 중에 어디에 명령을 입력해야 하는가?

2. 릴리패드에서 "2 곱하기 3"을 계산하여 출력하는 스케치를 작성하라.

3. 릴리패드와 컴퓨터의 통신 속도를 9600bps로 지정하는 스케치를 작성하라.

4. 릴리패드에서 시리얼 모니터에 1~5까지 증가시키고 합계를 계산하는 스케치를 작성하라(for 함수 사용).

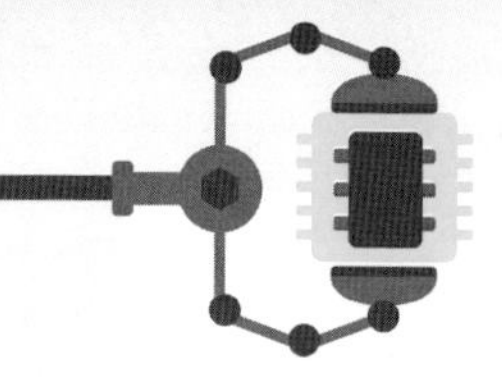

연습문제 해답

1. loop( ) 함수

2. int a=2, b=3;

   Serial.print(a);

   Serial.print(" * ");

   Serial.print(" = ")

   Serial.print(a*b);

3. Serial.begin(9600);

4. 계산 스케치는 다음과 같다.

```
void setup(){
  Serial.begin(9600);
}
void loop(){
int sum=0;
  for(int i=1; i<6; i++){
    Serial.println(i);
    sum=sum+i;
  }
  Serial.print("sum= ");
  Serial.println(sum);
  delay(100);
}
```

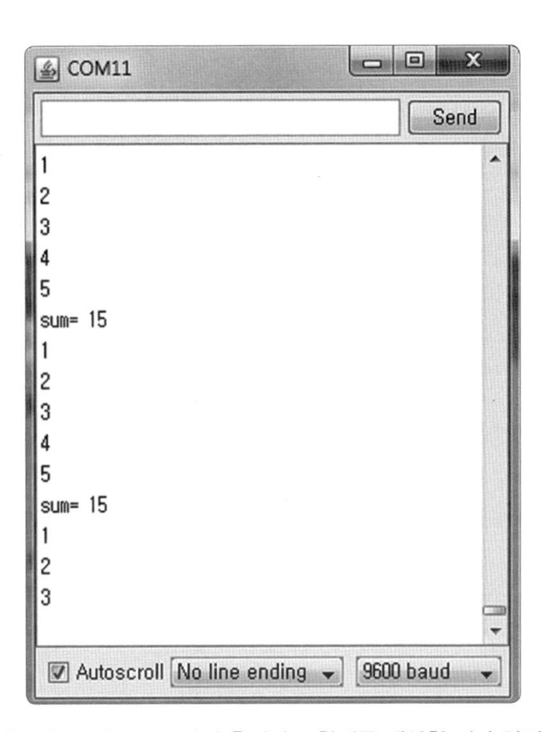

[그림 11-7]　1~5까지 출력하고 합계를 계산한 결과 화면

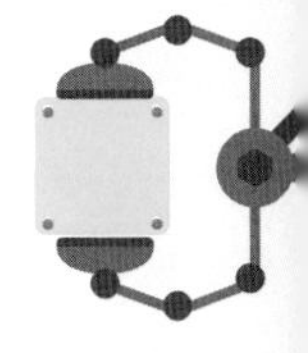

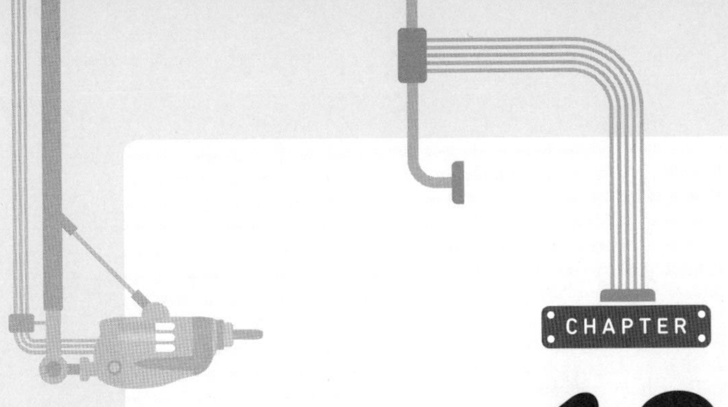

CHAPTER

12

무선 통신 및 응용

릴리패드와 XBee 모듈을 이용하여 무선 통신을 할 수 있다. 무선으로 센서에서 측정한 값이나 계산된 데이터를 전송할 수 있다. 이 장에서는 여러 가지 무선 통신에 대해 알아보자.

수업목표

- 무선 통신 종류와 특징에 대해 설명할 수 있다.
- 무선 통신용 하드웨어 종류를 말할 수 있다.
- 릴리패드와 XBee를 연결하는 회로를 구성한다.
- 지그비 무선 통신으로 숫자를 전달한다.
- 블루투스를 연결하여 스마트 폰으로 LED를 제어한다.

실습내용

- 지그비(XBee) 무선 통신을 이용하여 데이터를 전달하고 LED를 제어할 수 있도록 실습한다.

사용부품

- 릴리패드 보드
- 프로그래밍 케이블
- 릴리패드 XBee
- XBee 모듈
- 블루투스 모듈
- 악어클립

실습단계

- 단계 1: 시리얼 통신으로 숫자 '0'과 '1' 전송하기 테스트(이전 장 내용 복습)
- 단계 2: 릴리패드와 XBee 연결 회로 만들기
- 단계 3: 컴퓨터에 XBee 동글을 설치하기
- 단계 4: USB케이블을 제거하고 무선으로 '0' 또는 '1'을 전송하여 LED 켜거나 끄기

12.1 무선 통신 소개

데이터 신호를 케이블(전선)을 통하지 않고 공기로 전송하는 것을 무선 통신이라 한다. 대표적으로는 무선 전화기, 스마트폰이나 TV 등의 가전 리모컨이 있다.

무선통신 방법에는 블루투스, 와이파이, 지그비, NFC, RFID 등이 있다. 블루투스는 스마트폰과 이어폰 간의 통신에 활용되고, 와이파이는 노트북이나 스마트폰을 인터넷에 연결할 때 활용한다.

지그비는 센서 네트워크 등에서 이용되고 NFC는 아주 근접한 거리에서 작동하며 전자 결제나 지하철 또는 버스 패스로 활용한다. 여기서는 블루투스, 지그비, 와이파이 및 근접 무선 통신을 소개한다.

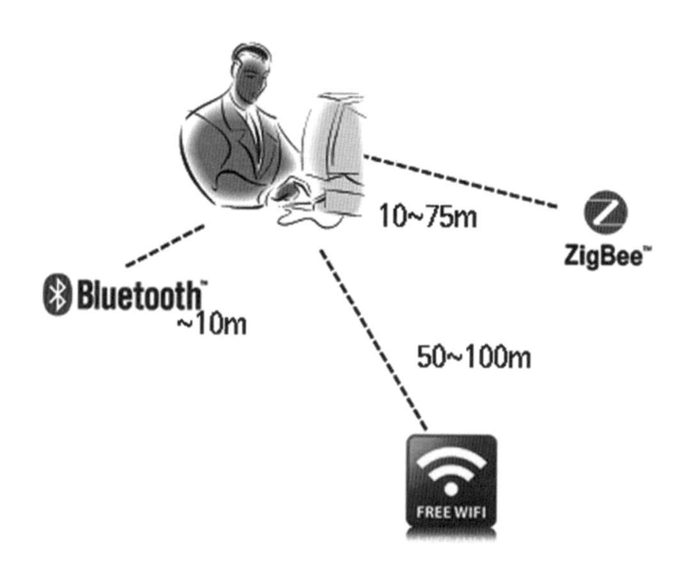

[그림 12-1] 블루투스, 와이파이 및 지그비의 통신 거리

블루투스 통신

블루투스는 가정과 사무실의 컴퓨터나 프린터를 연결하거나 스마트폰과 다양한 디지털 가전제품을 무선으로 연결해 주는 근거리 네트워킹 기술 규격이다. 블루투스는 반경 10m 이내에 있는 휴대 기기들의 정보를 무선으로 교환한다. 전파를 높이면 100m까지도 가능하다. 이 표준은 데이터 및 음성 전송, 다양한 호환 가능성, 저비용 솔루션 등에 주

안을 두고 개발되었다.

블루투스 기술을 규격으로 발전시키기 위해 에릭슨, 도시바, IBM, 인텔 등 5개 업체가 주축이 되어 Bluetooth SIG(Special Internet Group)를 구성하였고, 추가로 모토롤라와 마이크로소프트, 3COM 등의 회사가 참가 중이다. 현재 전 세계 2,000여 개 업체가 제품을 출시하고 있다.

지그비 통신

지그비는 홈오토메이션과 의료산업, 자동차 등의 데이터 네트워크를 위한 표준 기술이다. 홈 네트워크 제어는 무선 온습도 자동제어뿐만 아니라 집안 어느 곳에서나 무선으로 전등이나 TV, VCR을 켜고 끌 수 있고, 인터넷을 통한 무선 전화 접속으로 홈오토메이션이 더욱 편리해졌다.

IEEE 802.15.4 표준으로 듀얼 PHY 형태로 주파수는 2.4GHz, 868/915MHz를 사용하고, 직접 시퀀스 확산 스펙트럼(DS-SS) 방식 모뎀이며, 데이터 전송 속도는 20~250kbps이다. 저전력, 저가격 및 저속의 특징을 가지고 있으며, 의료, 산업, 빌딩 자동화에도 활용된다. 일반적으로 실외에서는 100m 정도, 실내에서는 30m 거리까지 전송된다. 전력을 높이면 1.6Km까지 무선 데이터가 전송된다.

와이파이

Wi-Fi(와이파이, Wireless Lan(WLAN))는 Wireless Fidelity의 약자이다. 무선 접속장치(AP: Access Point)가 설치된 곳에서 전파나 적외선 전송 방식을 이용하여 일정 거리 안에서 무선 인터넷을 할 수 있는 근거리 통신망 기술이다. 1999년 9월 미국 무선랜 협회인 WECA(Wireless Ethernet Capability Alliance; 2002년 Wi-Fi로 변경)가 표준으로 정한 IEEE 802.11b와 호환되는 제품에 와이파이 인증을 부여한 뒤 급속하게 성장하기 시작하였다. 와이파이의 주된 목적은 정보를 더 쉽게 접근할 수 있게 하고, 주변 장치와 공존하여 호환성을 높이며, 응용 프로그램과 데이터, 매체, 스트림에 무선 접근을 통하여 사용을 쉽게 하는 것이다.

와이파이는 접속할 수 있는 지점인 액세스 포인트(AP; Access Point)가 필요하다.

AP가 있으면 와이파이를 지원하는 기기가 수신 전파를 잡아 인터넷 접속을 시도한다. 최근에는 기술 향상으로 접속 지점 기준 50m에서 100m까지 거리에서도 통신할 수 있다. 와이파이의 AP 역할을 하는 장치로는 무선 인터넷 공유기, 무선 인터넷 전화기 등이 있다. Wi-Fi Alliance는 2009년 말 AP 없이도 Wi-Fi 단말을 직접 연결할 수 있는 P2P 개념의 새로운 Wi-Fi 기술인 Wi-Fi Direct를 개발하여 2010년 중반부터 표준규격을 확정하였다. 이 기술이 상용화되면 100m 이내에 있는 휴대폰, 카메라, 프린터, 컴퓨터, 헤드폰 등이 각각 또는 동시에 여러 대에 연결될 수 있으며, 통신 규격 완성 후에는 와이파이 다이렉트 인증을 받지 않은 기존 와이파이 기기도 서로 접속할 수 있게 지원할 방침이다. 와이파이를 공공장소에서 사용하는 경우, 같은 AP를 사용하여 다른 사람이 공유 폴더로 쉽게 접근할 수 있기 때문에 공유 폴더를 사용할 경우 암호를 걸어놓거나 공유를 해제하는 등 보안에 주의할 필요가 있다.

NFC

근접통신(nfc: near field communication)은 무선태그(RFID) 기술 중 하나로 13.56MHz의 주파수 대역을 사용하는 비접촉식 통신 기술이다. 통신거리가 짧기 때문에 상대적으로 보안이 우수하고 가격이 저렴해 주목받는 차세대 근거리 통신 기술이다. 데이터 읽기와 쓰기 기능을 모두 사용할 수 있기 때문에 기존에 RFID 사용을 위해 필요했던 동글(dongle)이 필요하지 않다. 블루투스 등 기존의 근거리 통신 기술과 비슷하지만 블루투스처럼 기기 간 설정을 하지 않아도 된다.

앞에서 설명한 무선 방식 중에서 사물인터넷(IoT)에 적용하기 적합한 기술인 지그비, 블루투스 및 와이파이의 사양 비교는 표 12-1과 같다.

[표 12-1] 블루투스, 와이파이 및 지그비의 통신 거리

Category	ZigBee	Bluetooth	Wi-Fi
Distance	50-1600m	10m	50m
Extension	Automatic	None	Depend on the esist-ing network
Power supply	Years	Days	Hours
Complicity	Simple	Complicated	Very complcated
Transmission speed	250Kbps	1mbps	1-54Mbps
Frequency range	868MHz, 916Mhz, 2.4GHz	2.4GHz	2.4GHz
Network nodes	65535	8	50
Linking time	30ms	Up to 10s	Up to 3s
Cost of terminal unit	Low	Low	High
Cost of use	None	None	None
Securtiy	128bit AES	64bit, 128bit	SSID
Integration level&reliability	High	High	Normal
Prime cost	Low	Low	Normal
Ease of use	Easy	Normal	Hard

12.2 릴리패드 통신 하드웨어

릴리패드와 함께 사용 가능한 무선 모뎀을 살펴보자. 이들 부품은 국내의 프라이봇 http://fribot.com이나 해외의 스팍펀 사이트 https://www.sparkfun.com에서 구매할 수 있다.

지그비(XBee 시리즈)

지그비 제품인 XBee에는 시리즈 1과 시리즈 2 두 종류가 있다. XBee 시리즈 1은 IEEE 802.15.4 규격으로 설정이 간단하고 1:1 또는 1:n 통신을 쉽게 할 수 있다. 간단한 응용은 XBee 시리즈 1을 추천한다. 끼우기만 하면 바로 작동된다.

[그림 12-2] XBee 1mW Wire Antenna-Series 1 (802.15.4)

시리즈 2는 자동으로 네트워크를 형성하며, 메시 네트워크가 지원된다. 완전한 지그비 스택이 제공되는 반면 활용 방법이 조금 복잡하다.

[그림 12-3] XBee 2mW Wire Antenna-Series 2 (ZigBee Mesh)

블루투스

블루투스의 경우 HC-06모듈과 RN42는 20핀 소켓의 블루투스 모듈이다. XBee 규격과 동일하여 20핀 릴리패드 XBee 소켓이나, XBee USB 동글에 끼울 수 있다. 블루투스 모듈은 스마트폰과 통신을 할 때 먼저 폰의 블루투스를 켜서 활성화시키고 두 기기 간 등록을 하는 페어링을 해야 한다. 이때 비밀번호는 0000 또는 1234로 되어 있다. 한 번 등록되면 언제든지 블루투스 리스트에서 선택하여 활용할 수 있다.

[그림 12-4] RN42-XV Bluetooth Module-PCB Antenna

HC-06 모듈이 가격이 저렴하며 시리얼 입출력 방식으로 쉽게 구현할 수 있다.

[그림 12-5] Bluetooth Bee HC-06

와이파이 모듈

20핀으로 된 와이파이 모듈을 활용하거나, 핀 없는 모듈의 경우 납땜을 해서 활용할 수 있다.

[그림 12-6] XBee WiFi Module-PCB Antenna

[그림 12-7] WIFi Module

연결 소켓

릴리패드와 무선 모듈을 연결하려면 20핀 릴리패드 XBee를 활용할 수 있다.

[그림 12-8] LilyPad XBee 소켓

무선으로 컴퓨터와 통신을 하려면 XBee USB 동글을 활용한다. 블루투스 등 필요한 모듈을 끼워 넣고 설정을 하거나 데이터를 송수신할 수 있다.

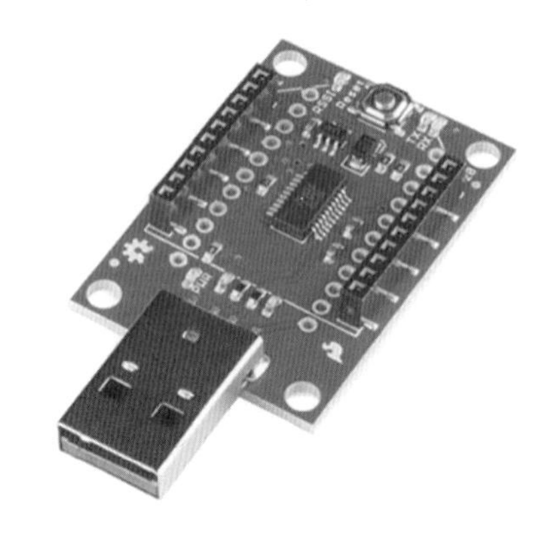

[그림 12-9] SparkFun XBee Esplorer Dongle

12.3 릴리패드 무선통신 실습

실습 12-1 지그비 무선통신

컴퓨터에서 키보드로 릴리패드의 LED를 켜고 끄는 무선 실습을 해보자. 시스템의 구성은 데이터를 보내는 컴퓨터 부분과 데이터를 받는 릴리패드 부분으로 나뉜다. 컴퓨터 부분에서는 컴퓨터 USB 포트에 XBee USB 동글을 끼운다.

릴리패드 부분은 릴리패드 XBee를 릴리패드 보드와 전도성 실로 연결한다. 릴리패드의 LED를 제어하는 프로그램을 작성해 보자.

사용부품

- 릴리패드 보드
- 프로그래밍 케이블
- 릴리패드 XBee
- USB 동글
- XBee 시리즈 1 (2개)
- 아두이노 IDE

릴리패드와 XBee 연결하기

[그림 12-10] 릴리패드와 XBee의 연결

릴리패드에 스케치 프로그램하기

시리얼 포트를 통해서 '0'이 전달되면 LED가 꺼지고 '1'이 전달되면 LED가 켜지는 스케치를 작성한다.

```
void setup() {
  Serial.begin(9600);
  pinMode(13, OUTPUT);
}
byte b;
void loop() {
  if(Serial.available()){
    b=Serial.read();
    // Serial.print((char)b);
  }
  if(b=='1') digitalWrite(13,HIGH);
  if(b=='0') digitalWrite(13,LOW);
}
```

아두이노의 오른쪽 상단의 [시리얼 모니터]를 열고 0과 1을 반복해서 보내면 LED가 켜졌다 꺼졌다 하는지 확인하자.

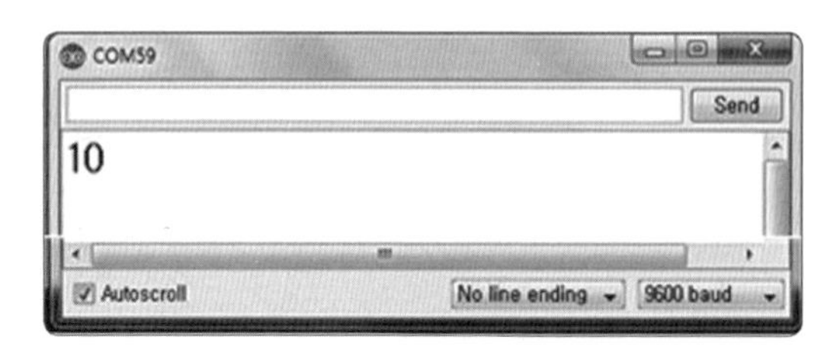

[그림 12-11] 릴리패드와 XBee의 연결

⚠ 주의: 창의 아래 부분에 No line ending과 9600 baud를 선택해야 한다.

테스트가 성공하였으면 시리얼 모니터를 닫는다. 이때 왼쪽 상단의 COM 번호를 기억해 두자.

내가 작성한 프로그램으로 제어하기

컴퓨터 키보드를 읽고 USB 케이블의 COM 포트를 통해서 LED를 제어하는 프로그램을 작성해 보자. 프로세싱 프로그램은 http://processing.org에서 다운 받을 수 있다. 새 파일을 열고 다음처럼 입력하고 실행을 한다. 실행된 사각형 창을 누르고 키보드를 누른다.

```
import processing.serial.*;
Serial p;
void setup(){
  p = new Serial(this, "COM19", 9600);    // 본인의 COM 포트 번호
}
void draw(){}
void keyPressed(){
  p.write(key);
}
```

무선 지그비 테스트

컴퓨터의 릴리패드 USB 케이블 선을 빼내고, XBee 시리즈 1을 XBee USB 동글에 끼운 다음 컴퓨터 USB에 끼운다.

[그림 12-12] XBee USB 동글 끼우기

드라이버를 자동 설치하는 동안 XBee USB 동글의 COM 포트를 적어 둔다. 다른 방법으로는 [제어판] > [하드웨어 및 소리] > [장치관리자] > [포트(COM & LPT)]에서

확인할 수 있다. 만약 COM20이라면 다음처럼 바꾼다.

```
p = new Serial(this, "COM20", 9600);
```

소프트웨어 시리얼의 활용

릴리패드 USB를 사용할 때는 소프트웨어 시리얼을 통해서 무선통신을 할 수 있다.

> ⚠ 주의: 릴리패드 메인 보드를 사용할 때는 보드에 RX, TX 핀이 있으므로 소프트웨어 시리얼을 사용하지 않는다.

릴리패드의 USB 케이블을 제거하고, 릴리패드와 릴리패드 Bee를 악어클립으로 연결한다.

```
#include <SoftwareSerial.h>          // 소프트웨어 시리얼
SoftwareSerial mySerial(10, 11);     // RX, TX
void setup(){
  //Serial.begin(9600);
  mySerial.begin(9600);
}
byte b;
void loop(){
  if(mySerial.available()){
    b=Serial.read();
    // Serial.print((char)b);
  }
  if(b=='1') digitalWrite(13,HIGH);
  if(b=='0') digitalWrite(13,LOW);
}
```

실습 12-2 블루투스 무선통신

스마트폰의 블루투스로 릴리패드의 LED를 켜고 끄는 실습을 해 보자. 스마트폰 어플은 앱 인벤터로 간단하게 작성할 수 있다.

사용부품

- 릴리패드 보드
- 프로그래밍 케이블
- 릴리패드 XBee 소켓
- HC-06 블루투스
- 스마트폰
- 아두이노 IDE

릴리패드 블루투스 연결하기

HC-06 블루투스를 스마트폰과 연결할 때 스마트폰에 입력해야 하는 비밀번호는 기본적으로 0000 또는 1234로 설정되어 있다. 만약 보안이 필요한 경우는 사용자가 USB 어댑터에 HC-06을 끼워서 X-CTU 프로그램으로 비밀번호를 변경할 수 있다.

- 스마트폰에서 블루투스를 켠다.
- 블루투스 검색을 하고 HC-06을 선택한다.
- 페어링 등록을 한다. 비밀번호: 1234
- 작성한 앱 인벤터를 실행한다.
- 제일 윗줄의 [Not Connected] 버튼을 누른다.
- 리스트 중에 00:??:??: HC-06을 선택한다. (??)는 시스템마다 다를 수 있다.
  연결이 성공되면 0.5초마다 깜박이던 블루투스의 초록색 LED가 켜진 채 정지된다.

[그림 12-13] 릴리패드 블루투스 연결

아두이노 스케치 설명

```
void setup() {
  pinMode(13, OUTPUT);      // 릴리패드에 포함된 LED를 출력으로 설정
  Serial.begin(9600);       // 전송 속도를 9600bps로 설정
}
byte cmd;
void loop() {
  if (Serial.available()) {
    cmd = Serial.read();
  }
  if (cmd == '1') digitalWrite(13, HIGH);   // '1'이면 다음 신호까지 켬
  if (cmd == '0') digitalWrite(13, LOW);    // '0'이면 다음 신호까지 끔
}
```

앱 인벤터

안드로이드 스마트폰의 앱 작성은 MIT 앱 인벤터 툴로 쉽고 간단하게 작성할 수 있다. 앱 인벤터를 다운 받고 새로운 앱을 만들어 보자. 작성 후에 QR코드로 폰에 다운로드하자. 스마트폰에서 구글의 Play Store에서 "MIT AI2 Companion" 앱을 찾아 폰에 설치하고, PC에 만들어진 QR코드를 찍으면 앱이 설치된다.

1) http://ai2.appinventor.mit.edu/에 접속한다.
2) 구글 ID와 PW를 입력한다.
3) 새로운 앱 bluetooth_on_off를 작성한다.

스마트 폰으로 LED를 켜고 끄는 앱을 작성하자. 버튼과 Bluetooth Client와 Clock 컴포넌트를 끌어다 스크린에 넣는다.

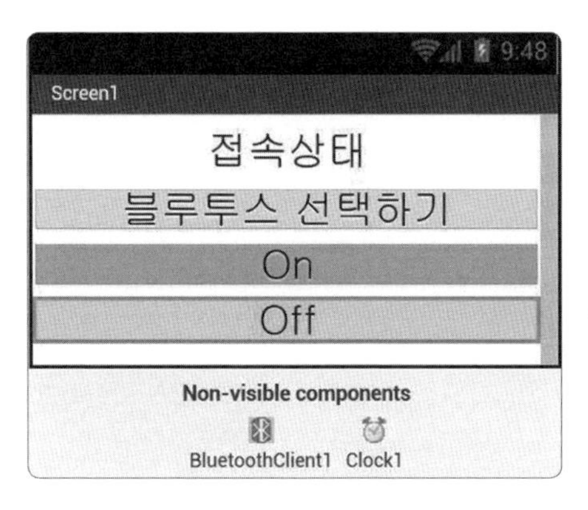

[그림 12-14] 스크린 디자인

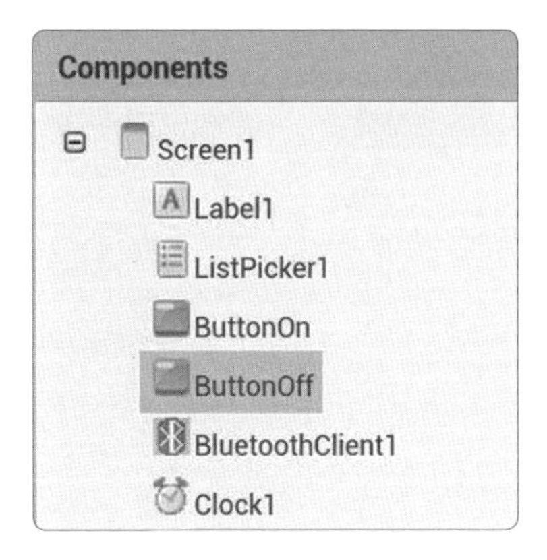

[그림 12-15] 구성

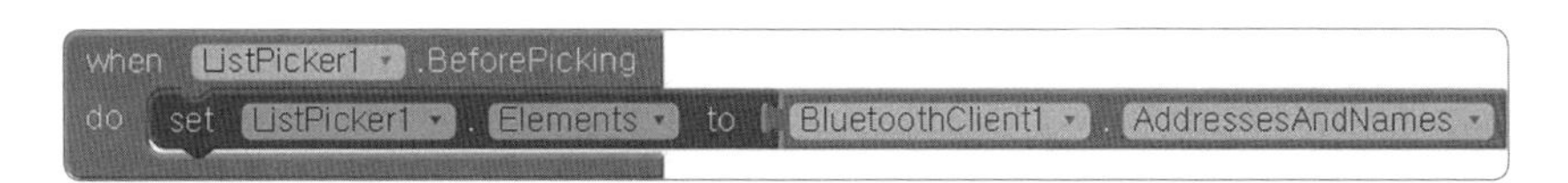

[그림 12-16] 블루투스 리스트를 준비하기

[그림 12-17] 접속된 주소 가져오기

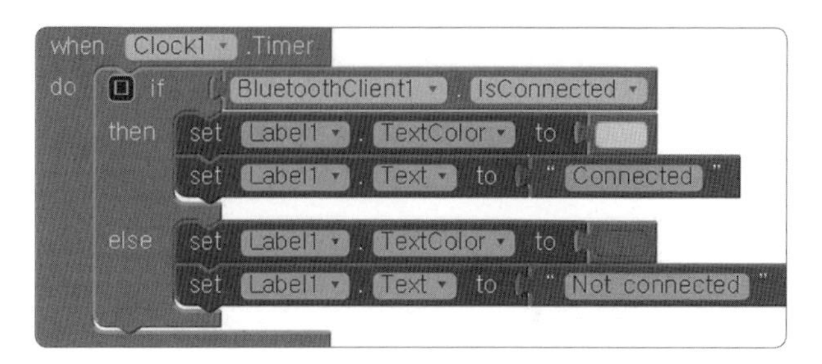

[그림 12-18]　매초마다 접속 된지 확인하기

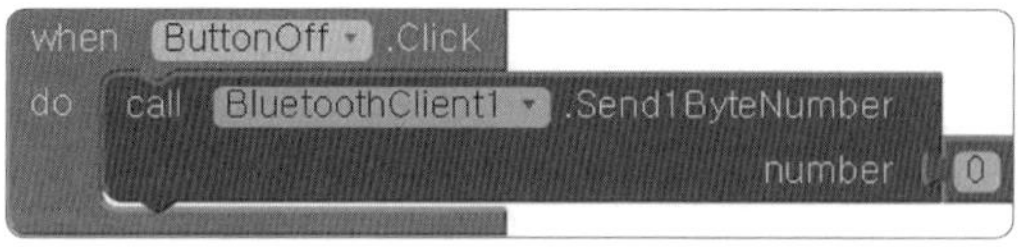

when ButtonOff .Click
do call BluetoothClient1 .Send1ByteNumber
number 0

[그림 12-19]　끄기 위해 "0"을 보내기

자세한 설명은 네이버 카페 "앱 인벤터 카페" http://cafe.naver.com/appinv에서 참고하자.

요약

- 스마트폰으로 릴리패드의 LED를 제어한다.
- XBee를 활용한 무선 통신을 한다.
- 서버 프로그램을 위해 프로세싱 프로그램을 사용한다.
- 스마트폰 앱을 만들기 위해 앱 인벤터 프로그램을 사용한다.

자가평가

번호	질문	O	X
1	시리얼 통신으로 릴리패드의 LED를 켜고 끄기를 할 수 있다.		
2	무선 통신 회로를 연결할 수 있다.		
3	XBee 모듈을 사용하여 무선 통신으로 LED를 켜고 끌 수 있다.		
4	스마트 폰으로 XBee로 신호를 보내는 앱을 만들 수 있다.		

연습문제

1. 블루투스 통신과 지그비 통신의 차이점을 무엇인가?

2. 무선 통신을 위해 서버 프로그램으로 프로세싱을 사용할 수 있는가?

3. 앱 인벤터를 사용할 수 있는 웹브라우저는 무엇인가?

4. 릴리패드 USB를 사용할 때 TX, RX 핀이 없을 때 TX, RX를 사용하는 방법은?

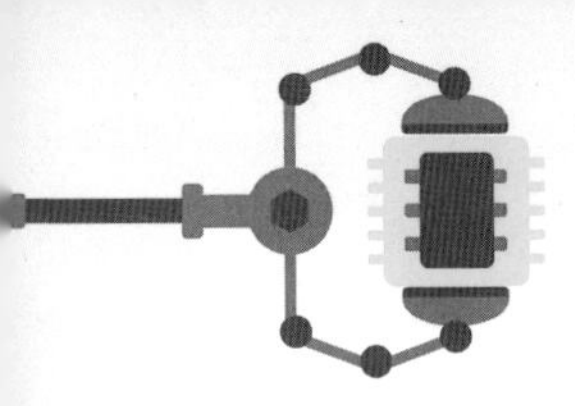

연습문제 해답

1. 블루투스 통신은 근거리 무선통신으로 10m 이내의 거리에서 통신할 수 있다. 지그비 통신은 100m 이내의 거리에서 통신할 수 있다.
2. 그렇다.
3. 크롬 브라우저
4. 소프트웨어 시리얼을 사용한다.

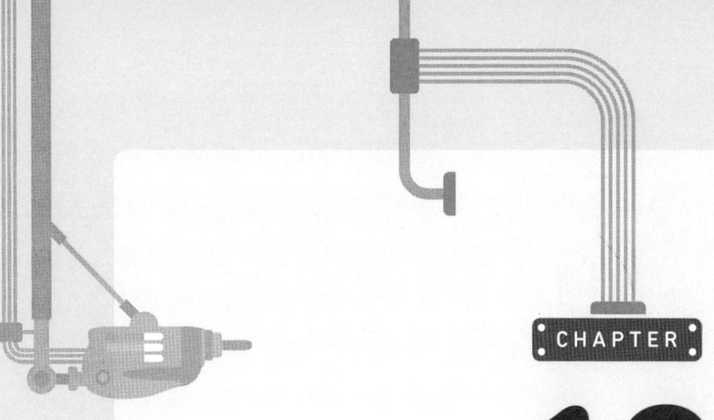

CHAPTER

13

멀티태스킹 (LED 깜박이며 소리내기)

릴리패드로 프로그래밍을 할 때는 순차적으로 진행된다. LED와 부저를 동시에 동작시키는 멀티태스킹을 하려면 MsTimer2 라이브러리를 이용한다. 두 개의 동작을 동시에 하는 멀티태스킹을 완성해 보자.

수업목표

- 멀티태스킹의 원리를 설명할 수 있다.
- 릴리패드로 LED 깜박이면서 동시에 소리내기하는 스케치를 작성할 수 있다.
- MsTimer2 라이브러리를 설치하고 사용할 수 있다.

사용부품

- 릴리패드 보드
- 프로그래밍 케이블
- LED 1개
- 부저 1개
- 점퍼선

실습내용

- MsTiemr2 라이브러리를 이용하여 릴리패드에서 한꺼번에 두 가지 동작을 하는 멀티태스킹 스케치를 작성한다. 두 가지 동작을 한꺼번에 실행시키려면 인터럽트 방법을 사용한다.

실습단계

- 단계 1: 함수를 이용하여 LED를 깜박이는 스케치를 작성한다.
- 단계 2: 주파수와 tone() 함수를 이용하여 짧은 노래를 만든다.
- 단계 3: MsTimer2 라이브러리를 저장하여 라이브러리에 등록한다.
- 단계 4: MsTimer2 헤더파일을 입력하고 스케치를 작성한다.

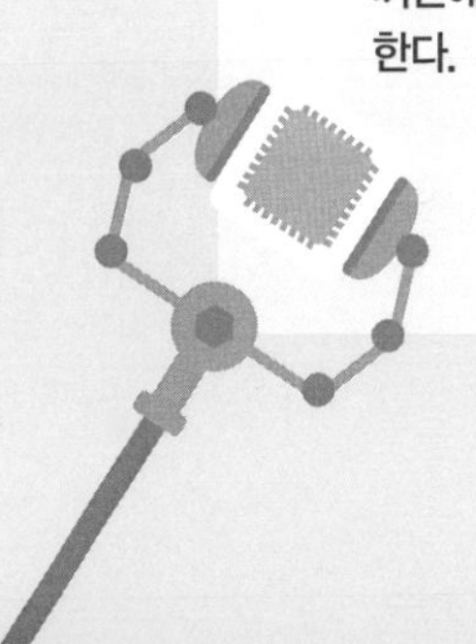

릴리패드로 스케치를 만들어 실행시키면 스케치 순서대로 동작한다. 즉 하나의 동작을 하고 나서 다음 동작이 진행된다. 자동차가 후진하는 동시에 음악 소리를 내는 것처럼 릴리패드의 LED가 깜박이면서 소리를 내는 두 가지 명령을 동시에 실행해야 하는 경우가 있다. 릴리패드에서 두 가지 동작을 한꺼번에 할 수 있도록 스케치할 수 있다.

⚠ 주의: 이 예제는 릴리패드 메인보드에서 동작한다. 릴리패드 USB인 경우에 동작하지 않을 수도 있다.

실습 13-1 LED가 0.5초마다 깜박이는 함수 만들기

함수는 여러 명령을 묶어 놓은 명령 묶음과 비슷하다. 이번 예제에서는 LED가 0.5초마다 깜박이는 함수를 만들어 사용해보자. 함수를 사용하면 스케치를 간단하게 만들 수 있고 함수를 다시 사용할 수 있는 장점도 있다.

지금까지 우리는 이미 `setup()` 함수와 `loop()` 함수를 사용해 보았다. 이 함수 외에도 `digitalWrite()`, `analogRead()` 함수 등도 사용할 수 있다. 이런 함수는 미리 만들어 놓고 사용자들이 자유롭게 사용할 수 있도록 한 것이고 함수를 사용자가 직접 만들어서 사용할 수도 있다.

이번 실습에서는 우리가 직접 함수를 만들어서 사용한다.

```
함수 이름: light();
동작 명령: 0.5초마다 깜박인다.
```

회로 만들기

릴리패드의 13번을 LED의 (+)에 연결하고 LED의 (–)는 릴리패드의 (–)에 연결한다. 다음의 스케치를 입력하고 실행해 보자(13번 대신에 다른 번호에 연결하면 스케치의 13의 숫자를 변경하면 된다).

```
void setup() {
  pinMode(13, OUTPUT);      // pinMode 설정
}
void light() {              // 함수
  digitalWrite(13, HIGH);
  delay(1000);
  digitalWrite(13, LOW);
  delay(1000);
}
void loop() {
  light();                  // 함수 실행
}
```

- 릴리패드에 프로그램을 다운로드한다.
- 릴리패드에 LED가 1초에 한 번씩 깜박이면 성공한 것이다.
- light()는 함수 이름이다.
- void는 함수나 데이터의 형이 정해지지 않거나 형이 필요 없는 경우에 사용한다.

```
void loop() {
  light();
}
```

loop()함수 내에서 light() 함수를 실행시키라는 명령이다. 만약에 한 번만 실행시키려면 setup() 함수 내에 light()를 적어주면 된다. light() 함수가 완성되었으면 음악을 연주하는 함수를 만들어 보자.

실습 13-2 음악을 연주하는 sound() 함수 만들기

```
함수 이름: sound();
동작 명령: 정해진 음악을 연주한다.
```

음악을 연주하는 실습은 [실습 5-2]와 [미션과제]에서 완성하였다. [미션과제]에서 만

들어 둔 "곰 세 마리" 음악을 사용하자. pitches.h 헤더파일을 사용하려면 http://cafe.naver.com/lilypad/40에서 헤더파일을 복사해서 사용하면 된다. 헤더파일 만드는 방법은 http://cafe.naver.com/arduinocafe/1919를 참고하자.

⚠ 주의: pitches.h 헤더파일을 만들지 않고 사용하려면 음계 이름에 주파수를 직접 입력해서 사용하면 된다.

미션과제 음악

다음의 스케치를 입력하거나 카페 http://cafe.naver.com/lilypad/39에서 다운로드 받아도 된다.

```
#include "pitches.h" // 헤더파일
int ms1[] = {NOTE_C4, NOTE_C4, NOTE_C4, NOTE_C4, NOTE_C4,
NOTE_E4, NOTE_G4, NOTE_G4, NOTE_E4, NOTE_C4,
NOTE_G4, NOTE_G4, NOTE_E4, NOTE_G4, NOTE_G4, NOTE_E4,
NOTE_C4, NOTE_C4, NOTE_C4};
// 4는 4분음표(1박자), 8은 8분 음표 길이
int ms2[] = {4, 8, 8, 4, 4, 4, 8, 8, 4, 4, 8, 8, 4, 8, 8, 4, 4, 4, 2
};
void setup() {
  for (int i = 0; i < 19; i++) {
    int ms = 1000/ms2[i];
    tone(8, ms1[i],ms);
    int j = ms * 1.30;
    delay(j);  // 음이 서로 겹치지 않도록 delay()를 줌
    noTone(8);
  }
}
void loop() {
}
```

실습 13-3 MsTimer2 사용하기

MsTimer2는 라이브러리이고 다운로드 받아서 스케치에 불러오면 두 가지 일을 동시에 진행할 수 있도록 만들 수 있다.

MsTimer2 다운로드 받기

❶ http://cafe.naver.com/lilypad/41에서 다운로드 받거나 http://playground.arduino.cc/Main/MsTimer2에서 다운로드 받는다. MsTimr2를 다운로드 받아서 압축을 풀지 않는다.

❷ 아두이노의 다운로드 폴더에 저장한다. ...arduino/libraries/

❸ 아두이노 메뉴에서 [스케치] > [라이브러리 가져오기] > [Add Library...]를 누른다.

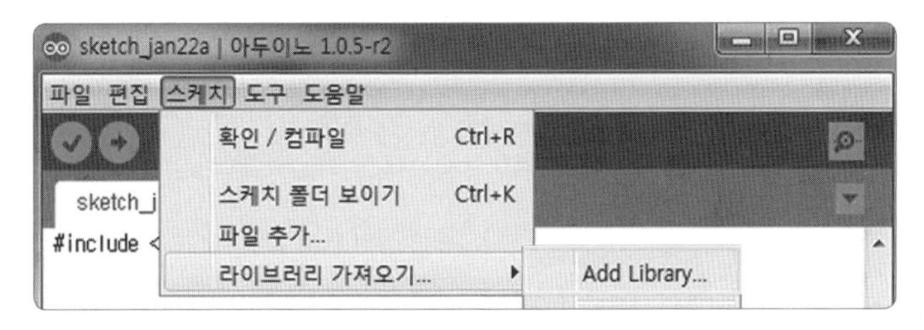

[그림 13-1] 라이브러리 추가하기

❹ 저장해 놓은 파일(zip)을 선택한다(압축을 풀지 않는다).

❺ 다시 메뉴에서 [스케치] > [라이브러리 가져오기]를 누른다. 그러면 맨 아래 MsTimer2가 나타난다.

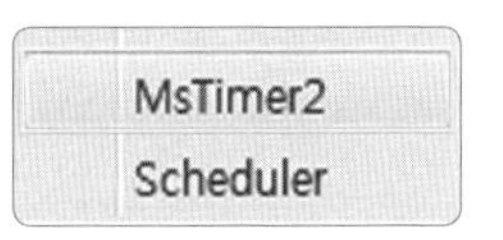

[그림 13-2] MsTimer2

❻ "MsTimer2"를 클릭한다. 그러면 스케치 맨 위에 포함된다.

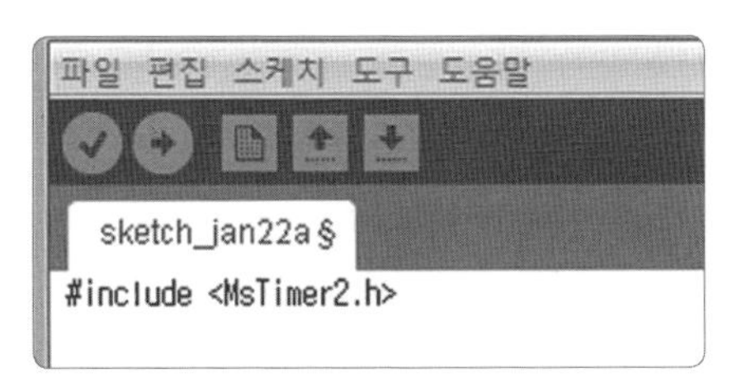

[그림 13-3] 헤더 추가

❼ zip 파일이 있는 폴더에 자동으로 압축이 풀리면서 모든 것이 작동된다.

MsTimer2에 사용되는 명령어

- **MsTimer2::set(시간, 함수):** 동시에 두 개의 작업을 하는 원리는 한 가지 작업이 이루어지고 있을 때 다른 작업을 정해진 시간에 인터럽트(방해)하면서 작업하도록 한다는 의미이다. 그러므로 인터럽트하는 시간과 작업을 시킬 함수가 필요하다.
- **MsTimer2::start():** 인터럽트를 시작하는 명령이다.
- **MsTimer2::stop():** 인터럽트를 종료하는 명령이다. 이번 스케치에서는 사용하지 않는다.

실습 13-4 음악과 LED 멀티태스킹하기

두 개의 동작을 한꺼번에 적용시키기 위해 MsTimer2를 사용하여 스케치를 만들어 보자.

❶ 두 개의 동작을 동시에 시키기 위해서 `light()` 함수를 간단하게 변경하자.

변경 전	변경 후

`void light() {          // 함수`
`  digitalWrite(13, HIGH);`
`  delay(1000);`
`  digitalWrite(13, LOW);`
`  delay(1000);`
`}`
	`void light() {`
	`  static boolean output = HIGH;`
	`  digitalWrite(13, output);`
	`  output = !output;`
	`}`

변경된 스케치는 LED가 켜진 상태이면 끄고 꺼진 상태이면 켜지는 스케치이다. delay()가 없으므로 실행시키면 LED가 켜지고 꺼지는 상태가 보이지 않는데 테스트를 위해 delay(1000);을 추가하면 1초마다 깜박이는 것이 보인다. 테스트를 마치면 delay()는 지우면 된다.

```
void light() {
  static boolean output = HIGH;
  digitalWrite(13, output);
  output = !output;
  delay(1000);
}
```

새롭게 사용된 명령어

- **boolean:** 데이터 변수 종류의 하나로 참과 거짓을 표현하는 형식이다 HIGH, LOW 또는 true, false 또는 1 또는 0으로 나타낸다.
- **static:** static 변수는 이 파일 내에서만 사용할 수 있다는 의미이다. 그리고 단 한 번만 초기화를 한다.

```
static boolean output = HIGH;
```

이 파일 내에서만 사용되는 boolean형이고 이름은 output이다. 한 번 HIGH로 초기화 된다.

> ⚠ 주의: pinMode()에 넣는 대문자 OUTPUT과는 다르다.

- **output = !output;:** 프로그램에서 !는 반대의 의미가 있다. 현재 output이 HIGH이면 LOW로 저장하고, LOW이면 HIGH로 저장하라는 의미이다.

  TV 전원 스위치처럼 한 번 누르면 켜지고 다시 한 번 누르면 꺼지는 토글 스위치 같은 역할을 한다.

❷ 음악이 연주되면서 LED가 켜지도록 만들자.

```
void setup() {
  pinMode(13, OUTPUT);
  MsTimer2::set(100, light);   // 0.1초 간격
  MsTimer2::start();           // 시작
}
void loop() {
  sound();
}
```

❸ setup() 함수 내에 MsTimer2를 한 번만 실행되도록 입력한다.

- **MsTimer2::set(100, light);**: 다른 함수가 실행되는 동안 100ms마다 light() 함수가 프로그램을 실행시킨다는 의미이다.
- **MsTimer2::start();**: MsTimer2를 시작한다는 의미이다. loop() 함수 내에 sound() 함수를 실행시켜 계속 음악이 나오도록 한다.

```
#include "pitches.h"          // 헤더파일
#include <MsTimer2.h>
int ms1[] = {                 // 곰세마리
  NOTE_C4, NOTE_C4, NOTE_C4, NOTE_C4, NOTE_C4,
  NOTE_E4, NOTE_G4, NOTE_G4, NOTE_E4, NOTE_C4,
  NOTE_G4, NOTE_G4, NOTE_E4, NOTE_G4, NOTE_G4, NOTE_E4,
  NOTE_C4, NOTE_C4, NOTE_C4};
int ms2[] = {                 // 3은 1.5박자, 8은 8분음표 길이
  4, 8, 8, 4, 4, 4, 8, 8, 4, 4, 8, 8, 4, 8, 8, 4, 4, 4, 2 };
void sound(){
  for (int i = 0; i < 19; i++) {
    int ms = 1000/ms2[i];
    tone(8, ms1[i],ms);
    int j = ms * 1.30;
    delay(j);
  }
}
void light() {
  static boolean output = HIGH;
  digitalWrite(13, output);
  output = !output;
}
void setup() {
  pinMode(13, OUTPUT);
  MsTimer2::set(100, light); // 100ms period
  MsTimer2::start();
}
void loop() {
  sound();
}
```

요약

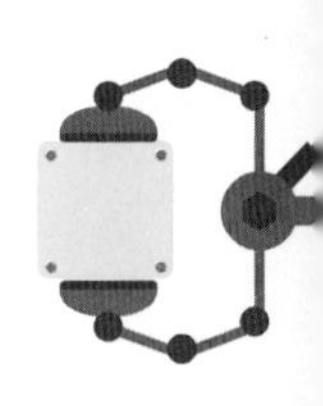

- 멀티태스킹 소개
- MsTimer2 라이브러리로 릴리패드에서 두 가지 명령을 동시에 실행시킨다.
- MsTimer2 라이브러리를 다운로드 받고 설치하기.
- `light()` 함수를 변경하여 적용하기.
- 음악이 진행되면서 LED를 깜박이게 할 수 있다.

자가평가

번호	질문	O	X
1	LED 깜박이는 함수를 만들 수 있다.		
2	부저의 소리를 내는 스케치를 만들 수 있다.		
3	MsTimer2를 다운로드 받을 수 있다.		
4	MsTimer2 라이브러리를 등록할 수 있다.		

연습문제

1. LED를 깜박이는 함수를 만들어 보시오.

2. MsTimer2를 라이브러리에 추가하는 방법은?

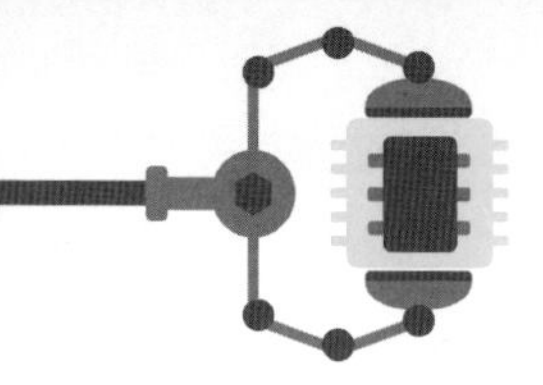

연습문제 해답

1.

```
void setup() {
  pinMode(10, OUTPUT);     // pinMode 설정
}
void light() {             // 함수
  digitalWrite(10, HIGH);
  delay(1000);
  digitalWrite(10, LOW);
  delay(1000);
}
void loop() {
  light();                 // 함수 실행
}
```

2. MsTimer2는 다운로드 받아서 ...arduino/libraries/에 저장하고 아두이노 IDE에서 라이브러리 추가하기를 선택한다.

CHAPTER

14

릴리 타이니 사용하기

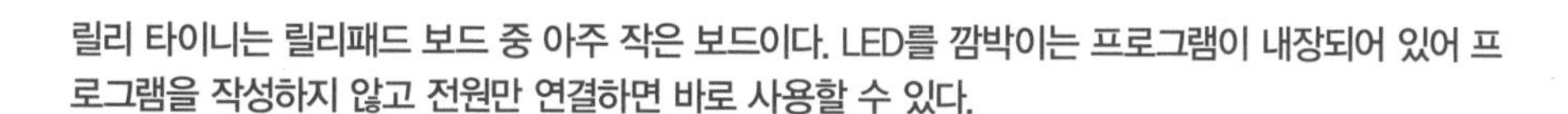

릴리 타이니는 릴리패드 보드 중 아주 작은 보드이다. LED를 깜박이는 프로그램이 내장되어 있어 프로그램을 작성하지 않고 전원만 연결하면 바로 사용할 수 있다.

수업목표

- 릴리 타이니의 회로를 구성할 수 있다.
- 릴리 티이니로 LED를 깜박일 수 있다.

실습내용

- 릴리 타이니에는 이미 프로그래밍이 되어 있다. 따라서 릴리 타이니를 이용하여 프로그램 스케치를 작성하지 않고 LED를 깜박이게 한다.

사용부품

- 릴리 타이니
- LED
- 악어클립

실습단계

- 단계 1: 릴리 타이니와 LED를 연결한다.
- 단계 2: 전원장치와 릴리 타이니를 연결한다.

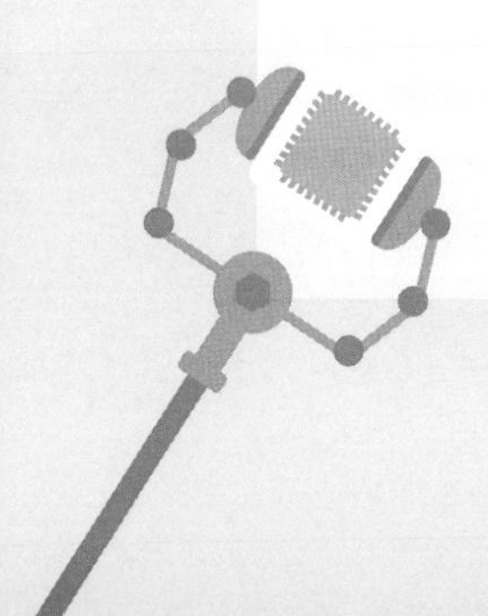

릴리 타이니(Lily Tiny)는 크기가 작고 미리 프로그래밍되어 있어 간단한 작품을 완성하는 데 편리하다.

14.1 릴리 타이니 소개

릴리 타이니(Lily Tiny)는 크기가 작은 릴리패드 보드이다. 미리 몇 가지로 프로그래밍이 되어 있어 스케치를 작성하는 프로그래밍 과정 없이 그대로 사용할 수 있다. 릴리 타이니는 4개의 핀을 사용할 수 있는데 각각의 핀에 LED를 연결하면 서로 다르게 미리 프로그램되어 있는 상태로 동작한다.

릴리 타이니 (3)번은 랜덤으로 흐려지는 동작을 하고 (2)번은 켜졌다 꺼졌다 깜박인다. (1)번은 심장박동 패턴으로 깜박인다. (0)번은 천천히 깜박인다.

디자인을 정하고 LED를 연결하여 전원을 연결하면 바로 LED가 서로 다른 패턴으로 깜박인다. 프로그램을 따로 하지 않아도 되는 릴리 타이니를 이용하여 가방을 장식해 보자.

전원장치는 가방을 만들 경우 가방 안쪽에 넣어서 바느질해준다. 그러면 더욱 자연스러운 형태가 만들어진다.

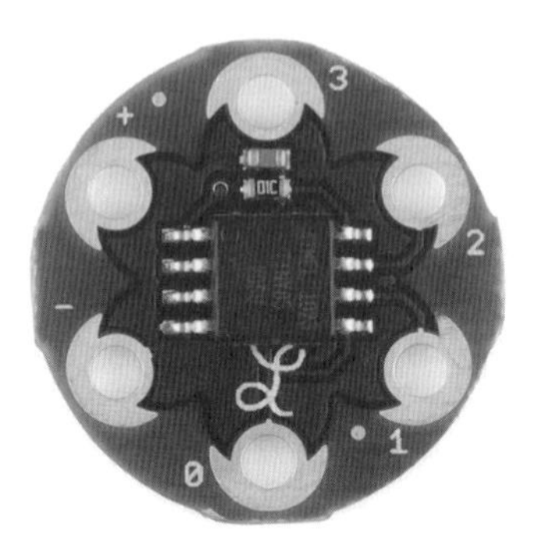

[그림 14-1] 릴리 타이니

실습 14-1 릴리 타이니

이번 실습에서는 가방에 릴리 타이니를 이용하여 장식해 본다.

[그림 14-2] 릴리 타이니 가방 회로

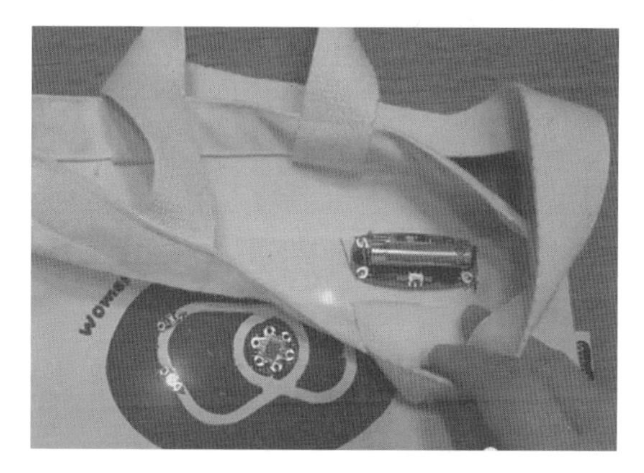

[그림 14-3] 가방 안쪽 모습

[그림 14-4] 릴리 타이니 가방

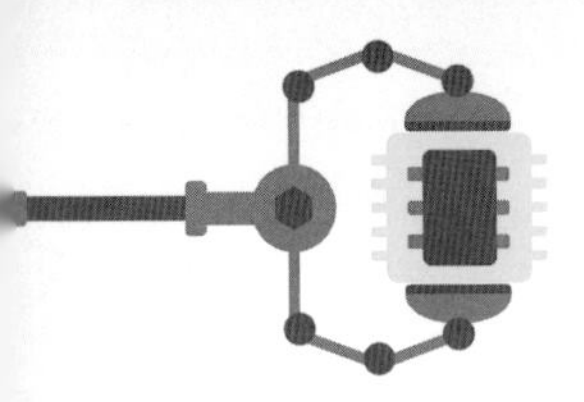

요약

- 릴리 타이니를 사용하여 스케치를 작성하지 않고 LED를 깜박이게 할 수 있다.
- 릴리 타이니는 미리 프로그램되어 있으므로 핀 번호에 따라 LED가 서로 다르게 깜박인다.

자가평가

번호	질문	O	X
1	릴리 타이니를 이용하여 LED를 계속 깜박이게 할 수 있다.		
2	릴리 타이니를 이용하여 LED가 점점 흐려졌다 밝아졌다 하는 동작을 만들 수 있다.		

연습문제

1. 릴리 타이니의 전원 연결 방법과 릴리패드 전원장치 연결 방법의 차이점은?

연습문제 해답

두 방법 모두 동일하다. 릴리 타이니의 (+)를 전원장치의 (+)연결하고 릴리 타이니의 (–)를 전원장치의 (–)에 연결하면 된다.

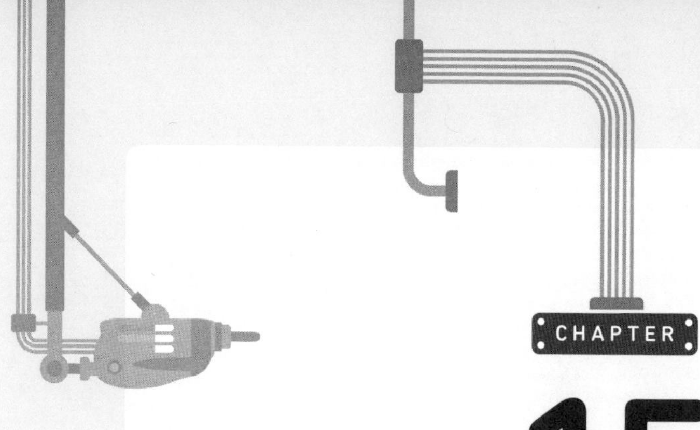

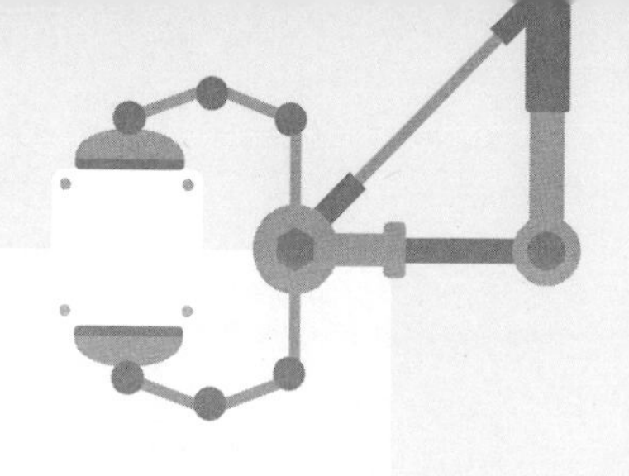

CHAPTER

15
릴리 피아노

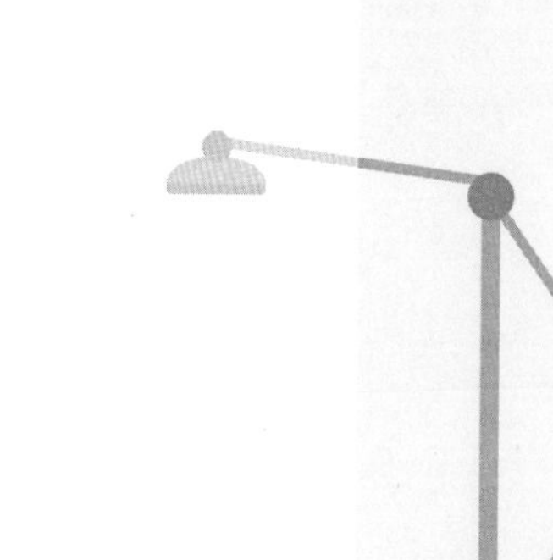

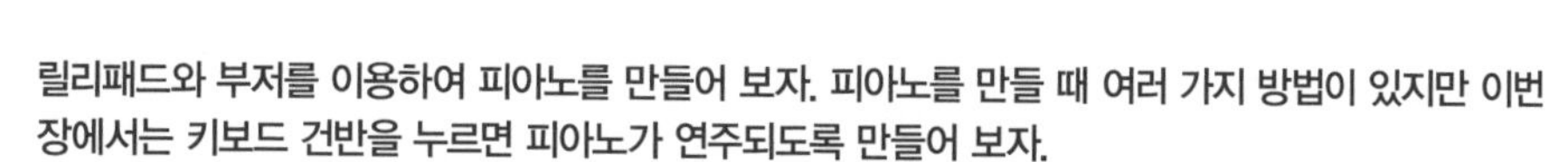

릴리패드와 부저를 이용하여 피아노를 만들어 보자. 피아노를 만들 때 여러 가지 방법이 있지만 이번 장에서는 키보드 건반을 누르면 피아노가 연주되도록 만들어 보자.

수업목표

- 시리얼 통신을 이용하여 부저를 작동시킬 수 있다.
- 컴퓨터의 키보드를 누를 때마다 코드를 릴리패드에 보낼 수 있다.
- 전송된 키에 따라 부저에서 다른 음이 연주되어 마치 피아노를 연주하는 것처럼 할 수 있다.
- if 조건문을 이용한다.
- delay() 함수를 이용하여 음의 길이를 서로 다르게 한다.

실습내용

- 릴리패드 부저를 이용하여 키보드를 누를 때마다 서로 다른 음이 연주되어 피아노를 치는 것처럼 연주할 수 있게 한다.

사용부품

- 릴리패드 보드
- 프로그래밍 케이블
- 부저
- 악어클립

실습단계

- 단계 1: 릴리패드와 부저를 연결한다.
- 단계 2: 시리얼 케이블을 연결한다.
- 단계 3: 스케치를 작성하고 키보드를 누르면 소리가 나게 한다.

15.1 릴리 피아노 회로

릴리 피아노를 만들기 위해서는 앞에서 실습한 소리내기와 같은 방법으로 회로를 만든다.

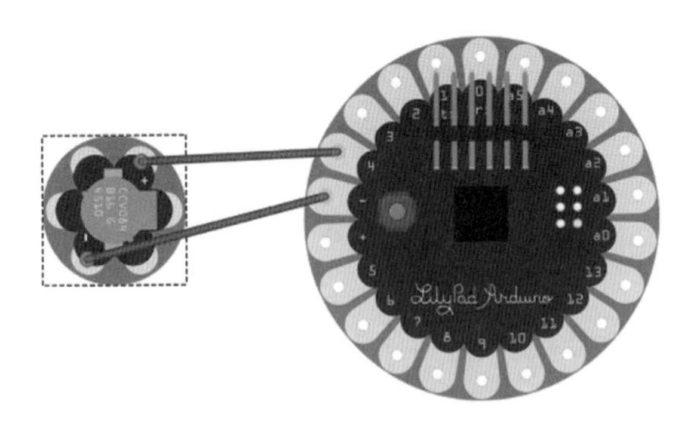

[그림 15-1] 부직 연결 회로

부저의 (+)는 릴리패드의 4번 핀에 연결하고 부저의 (–)는 릴리패드의 (–)에 연결한다. 소리가 나도록 만들어 보자. 4번 핀에 연결된 부저가 1초 동안 소리를 내는 스케치이다.

```
void setup(){
  tone(4, 500, 100);
  delay(1000);
}
void loop(){
}
```

스케치를 다운로드 받아서 소리가 나는지 확인한다. 다음 단계로 키보드를 누르면 시리얼 통신을 통해 부저 소리가 나도록 해보자. 다음 스케치를 실행시켜 본다.

```
//by kjy
void setup(){
  Serial.begin(9600);              // 시리얼 통신 속도 지정
}
int sPin=4;                        // 부저 핀 번호
byte val;                          // 변수 저장
```

```
  if(Serial.available()){          // 시리얼 값이 들어오면
    val=Serial.read();             // 시리얼 값을 읽는다.
    if(val=='1'){ // 값이 1이면
      tone(sPin,523, 1000);        // 부저에서 '도' 음을 낸다.
      delay(1000);
    }
    else noTone(sPin);             // 아니면 소리 끄기
  }
}
```

15.2 시리얼 모니터로 테스트

스케치를 다운로드 받아서 실행시키고 시리얼 모니터를 열어 1을 입력하고 [엔터]키를 누른다. 소리가 나면 성공이다.

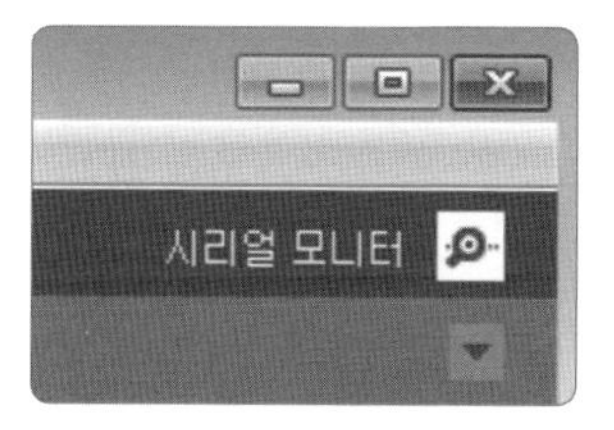

[그림 15-2] 시리얼 모니터

스케치를 살펴보면 시리얼 값을 받아서 읽어 주는 부분은 다음과 같다.

```
if(Serial.available()){        // 시리얼 값이 들어오면
    val=Serial.read();
}
```

입력된 값의 형태는 byte로 받아서 보내는데, 시리얼로 '1'을 보내면 릴리패드에서 '1'을 변환 없이 바로 받을 수 있다.

키보드 숫자 1, 2, 3, ...을 차례로 누르면 '도', '레', '미', '파', '솔' ... 음이 차례로 나오게 만들어 보자. 다음 스케치를 실행시켜 보자.

도, 레, 미, 파에 대한 음은 6장의 음의 주파수를 보고 참고하거나 릴리패드 네이버 카페 http://cafe.naver.com/lilypad/16를 참고한다.

스케치를 다운로드 받아서 실행시켜 보자. 시리얼 모니터를 열고 키보드 건반의 숫자를 눌러보자. 도, 레, 미, 파, 솔, 라, 시, 도 음이 나오면 성공이다. 각자 좋아하는 노래를 연주해 보자.

```
//by kjy
void setup(){
  Serial.begin(9600);
}
int sPin=8;
byte val;
void loop(){
  if(Serial.available()){
    val=Serial.read();
  if(val=='1'){
    tone(sPin,523, 1000); delay(1000);        // 도
  }
  if(val=='2'){
    tone(sPin, 587, 1000); delay(1000);       // 레
  }
  if(val=='3'){
    tone(sPin, 659, 1000); delay(1000);       // 미
  }
  if(val=='4'){
    tone(sPin, 698, 1000); delay(1000);       // 파
  }
  if(val=='5'){
    tone(sPin, 784, 1000); delay(1000);       // 솔
  }
  if(val=='6'){
    tone(sPin, 880, 1000); delay(1000);       // 라
  }
  if(val=='7'){
    tone(sPin, 988, 1000); delay(1000);       // 시
  }
  if(val=='8'){
    tone(sPin, 1047, 1000); delay(1000);      // 도
  }
  else noTone(sPin);
  }
}
```

요약

- if 함수를 이용하여 키보드 건반을 누를 때 소리를 내게 할 수 있다.
- 릴리패드에 키보드 건반을 누를 때마다 다른 음이 나오게 할 수 있다(시리얼 통신).

자가평가

번호	질문	O	X
1	시리얼 통신을 이용하여 키보드로 입력한 문자를 릴리패드에 보낼 수 있다.		
2	키보드의 숫자를 누를 때마다 다른 음의 소리가 나오게 만들 수 있다.		
3	키보드의 숫자를 누를 때마다 음의 길이가 달라지게 할 수 있다.		

연습문제

1. 숫자 1을 누를 때마다 점점 높은 음이 나오고 2를 누를 때마다 소리가 점점 낮아지게 만들어 보자.

연습문제 해답

```
// by kjy
void setup(){
  Serial.begin(9600);
}
int sPin=3;
byte val;
int note=500;                    // 기본 음 높이 지정
void loop(){
  if(Serial.available()){
    val=Serial.read();
    if(val=='1'){
      note= note + 100;         // 음 높이 주파수에 100을 더한다
```

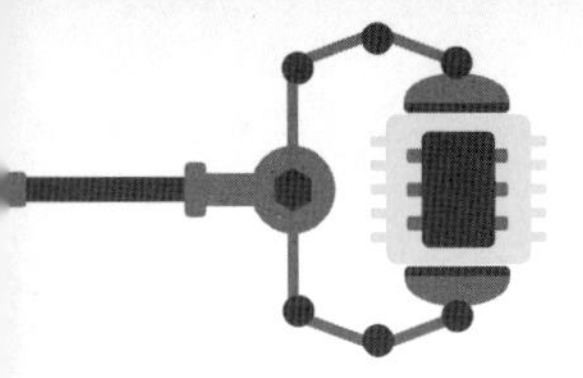

```
      tone(sPin,note, 1000);
      delay(1000);
    }
    if(val=='2'){
      note=note-100;           // 음 높이 주파수에 100을 뺀다
      tone(sPin, note, 1000);
      delay(1000);
    }
  }
}
```

스케치 설명

note = note + 100; 명령은 위치에 따라 다른 결과가 된다. 위의 스케치에서는 기본 주파수에 100을 먼저 더하고 소리를 내게 된다.

만약 note= note + 100;의 위치가 delay()아래에 있으면 먼저 소리를 내고 100을 더하게 된다.

그러면 시리얼 모니터에서 1을 입력하고 소리를 낸 다음 2를 입력하면 100이 더해진 주파수가 실행된다. 명령어의 위치에 따라 실행되는 순서가 다른 결과를 내므로 원하는 결과에 따라 명령어의 위치를 지정할 수 있다.

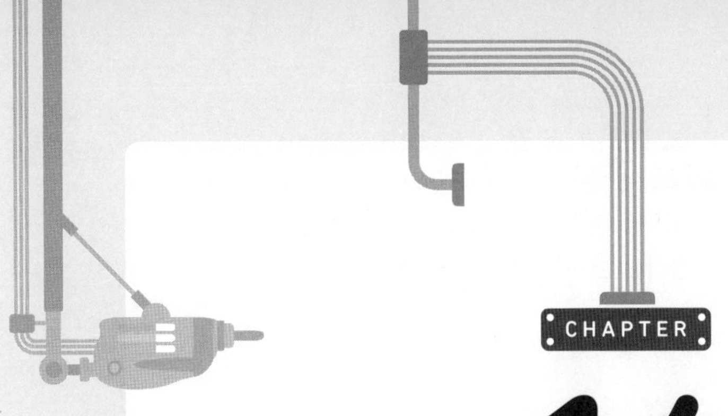

CHAPTER

16

무선 릴리 피아노

릴리패드 피아노를 지그비 무선 통신으로 만들어 보자.

수업목표

- 릴리패드와 XBee 모듈을 이용하여 무선 회로를 만들 수 있다.
- 무선으로 '0' 또는 '1'을 전송할 수 있다.
- 무선으로 키보드를 누르면 피아노처럼 연주할 수 있다.

실습내용

- 릴리패드와 XBee 모뎀 그리고 부저를 이용하여 무선으로 피아노를 만들어 본다.

사용부품

- 릴리패드 보드
- 프로그래밍 케이블
- 릴리패드 XBee
- XBee 모듈 2개
- XBee USB 어댑터 1개
- 부저
- 악어클립

실습단계

- 단계 1: 시리얼 통신으로 숫자를 입력하면 부저에 소리가 나는 스케치를 완성한다.
- 단계 2: 릴리패드와 XBee모듈로 무선 통신 회로를 만든다.
- 단계 3: XBee 동글을 컴퓨터에 꽂고 숫자를 전송한다.
- 단계 4: 키보드의 숫자에 따라 부저에서 서로 다른 음이 나게 한다.

16.1 무선 릴리 피아노 회로 구성

무선 릴리 피아노를 만들기 위해서는 소리내기와 같은 방법으로 회로를 만든다.

- 부저의 (+)는 릴리패드 4번 핀에 연결하고, 부저의 (–)는 릴리패드 (–) 극에 연결한다.
- XBee를 릴리패드에 방향을 맞추어 조심스럽게 눌러서 꽂는다.
- 지그비 모듈의 TX 핀을 릴리패드의 RX에 연결하고 지그비 모듈의 RX를 릴리패드의 TX 핀에 연결한다. TX는 Transmit(전송)의 의미이고 RX는 Receive(수신)의 뜻이다. 서로 다른 핀에 연결하여야 데이터를 주고받고 할 수 있다.

⚠ 주의: 릴리패드 메인 보드는 TX, RX 핀이 있어 TX, RX 핀을 릴리패드 XBee 모듈에 바로 연결할 수 있다. 릴리패드 USB는 TX, RX 핀이 없으므로 소프트 시리얼을 사용해야 한다. 소프트웨어 시리얼은 다음과 같이 스케치에 적어주면 된다.

```
#include <SoftwareSerial.h>
SoftwareSerial softSerial(10, 11); // RX, TX
```

- 전원을 연결한 다음 지그비 동글을 컴퓨터에 꽂는다.
- 릴리패드의 10번 핀은 (–)로 사용한다.
- 전원장치의 (–)는 릴리패드의 (–)까지 연결하기 어려우면 릴리패드의 핀을 (–)로 설정해서 사용할 수 있다. 이 회로는 릴리패드의 10번을 (–)로 지정해서 사용한다. 입력 코드는 `digitalWrite(10, LOW);`를 `setup()` 함수에 넣어 주면 된다.
- 회로를 만들고 XBee를 릴리패드 XBee 모듈에 다음 그림과 같이 끼운다.

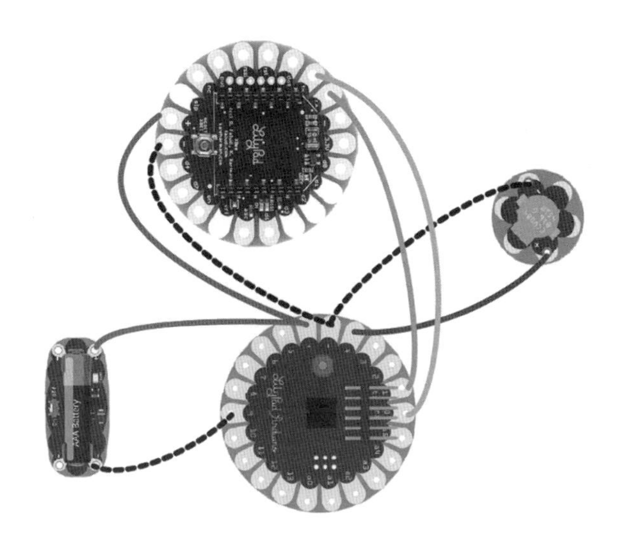

[그림 16-1] 무선 릴리 피아노 회로

[그림 16-2] 릴리패드 XBee 모듈

[그림 16-3] 지그비

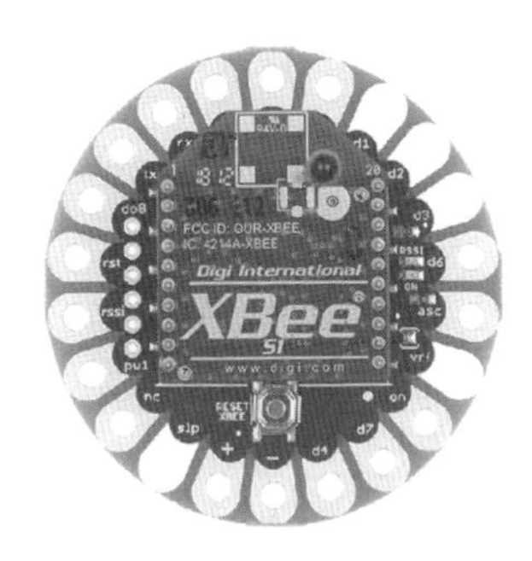

[그림 16-4] 릴리패드 XBee 연결 모습

[그림 16-5] XBee 릴리패드 그리고 부저를 연결한 모습

16.2 단계별 통신 테스트

지그비로 무선 통신을 하려면 다음 단계로 진행하는 것이 중요하다.

- 1단계: 시리얼 통신으로 프로그램이 실행되는지 확인한다.
- 2단계: X-CTU 프로그램을 이용하여 XBee USB 어댑터에 끼운 지그비 모듈의 상태를 확인한다. 전송속도 및 PAN ID가 동일해야 한다. 만약 XBee 설정이 정확한 경우 X-CTU 프로그램을 이용하지 않아도 된다.
- 3단계: 상태 확인과 설정이 끝난 XBee 모듈을 릴리패드와 XBee 동글에 꽂는다.
- 4단계: 컴퓨터에서 데이터를 전송한다.
- 5단계: 릴리패드에서 데이터를 전송 받아 실행한다.

위의 단계를 따라 시스템을 구성하면 오류 없이 무선 통신을 구현할 수 있다.

- 1단계 실습: 시리얼 통신으로 실행되는지는 이전 장에 있는 예제를 이용하여 확인한다.
- 2단계 실습: X-CTU 프로그램을 디지사(digi.com)에서 다운로드 받아 실행시킨다.

❶ 먼저 소리가 나는지 확인해 보자.

아두이노 스케치로 부저 소리를 내어보자. 4번 핀에 연결된 부저가 1초 동안 500Hz의 소리를 내는 스케치이다.

```
void setup(){
  tone(4, 500, 1000);
  delay(1000);
}
void loop(){
}
```

❷ 키보드로 '1'을 누르면 시리얼로 전달되어 소리가 나는지 확인한다.

다음 단계는 키보드 '1'을 누르면 시리얼 통신을 통해 부저가 '도' 음계의 소리가 나도록 하자.

다음 스케치를 실행시켜 본다.

```
#include <SoftwareSerial.h>              // 소프트웨어 시리얼 사용할 때만 입력
SoftwareSerial softSerial(10, 11);       // RX, TX 소프트웨어 시리얼
void setup(){
  softSerial.begin(9600);                // 시리얼 통신 속도 지정
  digitalWrite(10, LOW)
}
int sPin=4;                              // 부저 핀 번호
byte val;                                // 변수 저장
void loop(){
  if(softSerial.available()){            // 시리얼 값이 들어오면
    val=softSerial.read();               // 시리얼 값을 읽는다.
    if(val=='1'){                        // 값이 1이면
      tone(sPin, 523, 1000);             // 부저에서 '도' 음을 낸다
      delay(1000);
    }
    else noTone(sPin);                   // 아니면 소리 끄기
  }
}
```

스케치를 보드에 업로드한다. 아두이노 IDE의 시리얼 모니터를 열고 숫자 '1'을 입력하고 [엔터]키를 누른다. 소리가 나면 성공이다.

[그림 16-7] 시리얼 모니터

스케치를 살펴보면 시리얼 값을 받아서 읽어 주는 부분은 다음과 같다.

```
if(softSerial.available()){        // 시리얼 값이 들어오면
     val=softSerial.read();
}
```

입력된 값의 형태는 byte로 받아서 보내는데, 시리얼로 '1'을 보내면 릴리패드에서 '1'을 변환 없이 바로 받을 수 있다.

❸ 키보드 숫자 1, 2, 3, . . .을 차례로 누르면 '도', '레', '미', '파', '솔' ... 음이 차례로 나오게 만들어 보자.

다음 스케치를 실행시켜 보자. 도, 레, 미, 파에 대한 음은 [소리내기]장에서 음의 주파수를 보고 참고하거나 네이버 카페 http://cafe.naver.com/lilypad/16에서 확인한다.

다음 스케치를 릴리패드 보드에 업로드한다.

```
#include <SoftwareSerial.h>          // 소프트웨어 시리얼을 사용할 때만 입력
SoftwareSerial softSerial(10, 11);  // RX, TX 소프트웨어 시리얼 사용
void setup(){
  softSerial.begin(9600);
  digitalWrite(9, LOW)               // 9번 핀을 (-)로 사용할 때만 입력
}
int sPin=4;
byte val;
void loop(){
  if(softSerial.available()){
    val=softSerial.read();
    if(val=='1'){
      tone(sPin,523, 1000); delay(1000);        // 도
    }
    else if(val=='2'){
      tone(sPin, 587, 1000); delay(1000);       // 레
    }
    else if(val=='3'){
      tone(sPin, 659, 1000); delay(1000);       // 미
    }
    else if(val=='4'){
      tone(sPin, 698, 1000); delay(1000);       // 파
    }
    else if(val=='5'){
      tone(sPin, 784, 1000); delay(1000);       // 솔
    }
    else if(val=='6'){
      tone(sPin, 880, 1000); delay(1000);       // 라
    }
```

```
    else if(val=='7'){
      tone(sPin, 988, 1000); delay(1000);        // 시
    }
    else if(val=='8'){
      tone(sPin, 1047, 1000); delay(1000);       // 도
    }
    else noTone(sPin);
    }
}
```

시리얼 모니터를 열고 키보드 건반의 숫자를 1부터 8까지 눌러보자. 도, 레, 미, 파, 솔, 라, 시, 도 음이 나오면 성공이다. 각자 좋아하는 노래를 연주해 보자.

❹ X-CTU로 테스트하기

USB 케이블 선을 빼내고, 컴퓨터에는 XBee USB 어댑터를 연결하여 X-CTU 프로그램을 실행한다. 자동으로 설치되는 COM포트 번호를 메모해 둔다. X-CTU에서 시리얼 포트를 선택하고, 터미널을 열고 숫자를 1부터 8까지 차례로 입력하여 테스트해 보자.

❺ 프로세싱 프로그램으로 작성해서 실행하기

[시리얼 모니터]나 X-CTU 프로그램은 이미 작성된 프로그램을 활용하는 경우이다. 내가 직접 코드를 작성해서 컴퓨터의 키보드로 피아노를 만들어 보자.

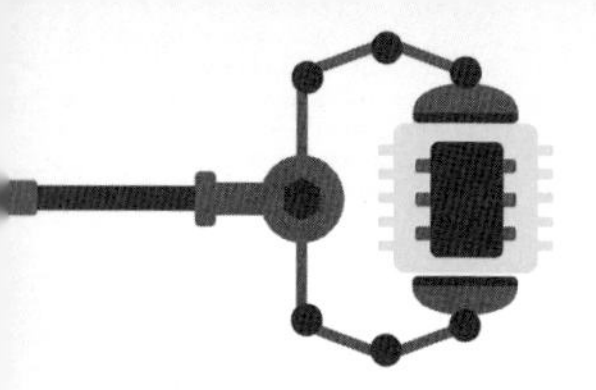

요약

- 지그비 통신을 이용하여 무선 릴리 피아노를 만들 수 있다.
- 지그비 통신을 이용하기 위해 릴리패드 XBee 모듈을 사용한다.
- 키보드를 누르면 무선 통신을 이용하여 릴리패드의 부저에서 소리가 나게 할 수 있다.

자가평가

번호	질문	O	X
1	릴리패드와 XBee 모듈의 회로를 구성할 수 있다.		
2	릴리패드에 무선 통신을 위한 회로 연결을 할 수 있다.		
3	릴리패드의 TX, RX와 XBee 모듈의 TX, RX를 서로 연결할 수 있다.		

연습문제

1. 릴리패드에 TX, RX 핀이 없을 때 XBee모듈의 TX, RX를 연결하는 방법은 무엇인가?

2. 릴리패드의 10번 핀을 (–) 핀으로 사용하는 방법은 무엇인가?

연습문제 해답

1. 소프트웨어 시리얼을 사용한다.

```
#include <SoftwareSerial.h>
SoftwareSerial softSerial(10, 11);
```

2. `setup()` 함수에 `digitalWrite(10, LOW);`를 입력한다.

찾아보기